メディアの青春

懐かしい人々

辻　一郎

大阪公立大学共同出版会

目次

装画　田主　誠

第一章　懐かしい人々

高峰秀子の流し目

女優、高峰秀子といっても、いまの若者はまずほとんど誰も知るまい。若者で彼女の名前を知っているといえば、よほどの映画好きのひとだろう。読書好きの若者からは、「あれっ、高峰秀子って、エッセイストじゃないのですか?」と、そんな質問もでてくるかもしれない。それほど彼女の著作は多いが、それにしても時の流れとともに、高峰秀子だけでなく、マリリン・モンローやイングリッド・バーグマンなど、憧れの女優たちの名前が、すべて忘れられてしまうのかと考えると、あまりにも恐ろしく寂しいことだ。そうなれば私の青春のかなりの部分が消えてしまう。何としてでも、高峰秀子のあれこれを、書いておきたいと考えたのはそのためだ。

さて、先年、本屋を覗いていて、『高峰秀子の捨てられない荷物』という本に出会い、書名にひかれて手にとった。地味ではあるがセンスのいい装丁の本である。

筆者は斎藤明美。高峰に甘えて「おかあちゃん」と呼び、高峰の家のごく近くに住んでいる一九五六（昭和三十一）年、高知県生まれの女性である。七年間勤めていた東京の高校の先生を辞めて『週刊文春』のライターになり、一九九九（平成十一）年には『青々と』という作品で、第十回日本海文学大賞奨励賞を受賞したというから、小説も書いているらしい。

本の帯には、「傑作自伝『わたしの渡世日記』のその後。高峰秀子の清冽な生き方。世俗のしがらみを捨て去って到達した自由な境地」とあり、いかにも面白そうである。

惹句につられて、早速買って読んでみた。

帯にもある通り、高峰が書いた『わたしの渡世日記』のその後にポイントをおきながらも、それだけではなく、高峰のスターの時代から、松山善三との出会い、結婚、そして静かな余生を過ごしている晩年の様子までを、見事に描きだしている。

話の出だしも魅力的だ。「その坂を、何度上ったことだろう。上がり着いた先には必ず〝幸せ〟があった。何十回、何百回、私はその幸せに満たされたことか。私が恋うてやまない、坂である。名を『永坂』という。」とある。この「永坂」とは、高峰の家のあるあたりの地名である。

本を書くにあたっては、高峰に十時間ものインタビューを試みたらしいが、夫の松山善三にもいろいろ質問を重ねている。そのくだりも面白い。

「かあちゃんの嫌いなところは？」

斎藤が松山に高峰の欠点を聞きだそうとしていると、料理をしながら本人が台所から、

「ないってーッ」

と叫ぶくだりでは、おもわず噴きだした。本人に聞こえそうなところで嫌いなところを聞く神経にもあきれるが、それを耳ざとく聞きつけて大声で否定するとは、おふたりにふさわしい、あけっぴろげの雰囲気がただよっていて微笑ましい。

斎藤の言によれば松山と高峰のふたりは、すでに五十年近くも夫婦生活を送りながら、これまで一度も「別れちゃおうかな」とおもったことがないのだそうだ。その根底にある考え方を、斎藤は高峰にこう語らせている。

「結局、『この人と居たいか、居たくないか』。それを天秤にかけて『居たい』ほうが重ければ、我慢すべきですよ。（略）意見や考えに違いがあるのは当たり前よね。自分とは別の人格なんだから。だから私の場合、『私は松山じゃないし、松山も私じゃない』って思えば、何かで行き違いがあってもケロッとしちゃうのよ」

なるほどこれなら、「別れちゃおうかな」ということには、なりそうもない。しかしそうではあっても、「イヤなところがある」と、松山の口から語られたくはないらしい。そのあたり

が人情の機微そのもので面白い。

本の「あとがき」には、「高峰秀子という固く巻いたキャベツの葉を、ソロリと一枚、そしてまた一枚と、なめまわすようにはがしながら文章を綴り、大長編の詳伝に仕立てあげてしまったその熱意には、さすがねじりん棒の私も脱帽した」と、高峰自身による斎藤の仕事ぶりへの寸評がおさめられている。

しかし気になるのはそのあとがきの末尾を高峰が、「われという人の心はただひとつ　われより他に知る人はなし」という谷崎潤一郎の歌でしめていることである。これはいったい、どういう意味だろう。

「どんなに調べて書いたところで、私の本当のところは見せてあげないよ」

そう宣言しているつもりだろうか。

もしそうだとすれば、「書いても無駄よ」とそっぽを向いているのと同じであり、高峰の一筋縄ではいかない「ねじりん棒」加減が見えてくる。だが、片方で褒めながら片方で突っぱねるとは、きわめて意地悪い対応で、私のイメージの高峰秀子像と少しそぐわない。

では私の高峰像はどうか。ここからは高峰さんと呼んで書き進めよう。

私が高峰さんがでている映画を初めて見たのは学生時代、『女の園』だったという記憶がある。京都の女子大を舞台に阿部知二が書いた小説を映画化した作品で、監督は木下恵介。高峰三枝子、久我美子、岸恵子なども出演していた。あの映画で高峰秀子が姫路を訪ねていくシーンは、いまでも強く印象に残っている。

以来、彼女の映画は、『銀座カンカン娘』『カルメン故郷に帰る』『雁』『二十四の瞳』『浮雲』など、封切られた年代とは前後しつつも、かなりたくさん見てきた。リアルタイムではないが、彼女の子役時代の作品、一九四一（昭和十六）年に封切られた『馬』まで見ていることが、ささやかな私の自慢である。

この憧れのひと、高峰さんと初めてお目にかかったのは、一九六四（昭和三十九）年、ラジオのスタジオにお招きしたときである。そのころ私が担当しているラジオ番組に、「この人に聞く」という対談があり、ここにゲストとして来ていただいたのだ。

この番組ではレギュラーの聞き手を数人そろえていて、ゲストに応じてどなたにお願いするかを決めていた。たとえば谷崎潤一郎、棟方志功、岩田専太郎、福原麟太郎などのお相手には、中国文学者で慶應義塾大学教授の奥野信太郎。小泉信三、井伏鱒二、小林秀雄や辰野隆、藤原義江、東郷青児などのお相手は毎日新聞で「余録」を執筆していた古谷綱正。大原総一郎や犬養道子、我妻榮などのときは、東京教育大学（現筑波大学）教授の美濃部亮吉。吉田茂にご登場願ったときは作家の今日出海という具合に、話し手にそぐわしい方を聞き手に依頼した。

余談だが、聞き手の多くはその後しばらくして進路を変えた。たとえば古谷は間もなくスタートした日本で初めてのキャスターニュース「ＪＮＮニュースコープ」のキャスターになって「日本のクロンカイト」と呼ばれたし、美濃部は「東京燃ゆ」と形容された東京都知事選挙で勝利をおさめ、東京都知事を三期十二年間務めることになった。また今日出海は、初代の文化庁長官に招かれるなど、請われて華麗に変身した。戦後の混沌をまだ少し残していた一九六〇年代には、資質や持ち味に応じた多様な道筋の選択があったということだろう。

ゲストを誰にするかは私の独断で、聞き手に相談することはあまりなかった。だがあの日はどんないきさつからだろう。美濃部に、

「誰かお会いになりたいひとはいませんか」

と聞いてみた。

「そうだなあ。デコちゃんはどうですか？　高峰秀子。でも忙しいでしょうねえ。難しいかなあ？　まあ、なんとか口説いてくださいよ」

この番組はニュースの焦点の「時のひと」をゲストに選ぶことも時折あったが、当代一流の

ひとを選ぶことの方が多かった。だからたまに美濃部に相談すると、達吉、亮吉と親子二代の学者の血筋に相応しく、宮澤俊義、大内兵衛、大河内一男、南原繁といった東京大学の先生たちの名前がよく挙がった。しかし同時に坂西志保、福島慶子、丹下キヨ子など女性の名前がでてくることも少なくなかった。フェミニスト美濃部らしいところである。

そういえば、後に美濃部を東京都知事にしたのも、美濃部都政を支えたのも、ともに「圧倒的な女性ファンの力だ」とよくいわれた。そしてその背景には、彼独特のソフトで貴族的な笑顔や仕草の魅力があったが、それにもまして美濃部の身についた女性に対する優しさに、女性がひかれたところもあったのだろう。

余談の余談だが、美濃部が東京都知事に立候補するらしいと知ったとき、私はわざわざ自宅に電話を入れた。「やめたほうがいい」と伝えようとおもったのだ。しかし幸か不幸か不在だった。

「まあ仕方がないか」とおもっていると、ご本人から電話がかかってきた。

「辻君、電話をくれたらしいね」

「ええ、立候補をされないようにといおうとおもって……」

「えっ、どうして?」

「だって、当選したって、どうせ何もできないですよ。つまらないじゃありませんか」

「確かに、大したことはできないでしょうね。でもその僅かにできることのなかで最善のことをするのと、最悪のことをするのではちがうでしょ。そうおもいませんか？　それにこれはまだニュースにされると困るけど、今日、社会党の成田知巳さんに会って、でることを承諾してしまいました。もう後戻りはできません」

そんな返事が戻ってきたことを覚えている。彼はやがて立候補して当選した。だがはたして、最善のことができたのか。「ばらまき行政」と批判されている状況を眺めながら、応援団のひとりとして、後々、あの会話をおもいだしたりしたものだ。


話を戻せば、私は美濃部の希望通り、高峰さんに出演交渉の電話をした。私自身、彼女に一度会いたいとおもっていたからである。

わが家に『まいまいつぶろ』という高峰秀子が書いた薄っぺらな本がある。一九五六（昭和三十一）年刊。定価百二十円。これが実に面白い。とても若い女優さんが書いたとはおもえない皮肉たっぷりの文章が満載だ。ちょっと引用させていただくと、こんな具合である。

……もしもし、あッ先生でらっしゃいますか、こちら〇〇新聞のニュースで御座いますが、實はこのたび受賞、あッ、どうもおめでたう御座いました。その受賞につきましてウチでニュースを撮らせていただきたいと存じまして……いえいえ、決してお手間はとらせません。は、先生のご都合の良いお時間を一寸、いえこちらはいつでも……結構で御座います。は！は！　あの明後日の、一時、一時……と。おそれ入りま……す。一寸お待ち下さい。

(ガタン、受話器を置く音、と同時にどら聲張り上げどこやら遠くの方へ向って)

おーいッ、高峰、明後日一時どうだア、一時だア、あア？　ＯＫかア、よーしッ。

あ、もしもしどうもお待たせいたしました、それでは明後日一時、間ちがひなく伺はせていただきますです。よろしくどーぞ、は……。

この一文を読んで以来、私は一層高峰に興味をいだいた。それまでの女優高峰のファンの要素にもう一点、別の要素が加わった。

だから美濃部がいう通り、高峰さんにでてもらうことができれば、いうことなしだ。

それに考えてみれば、このころの高峰さんは、ご主人の松山善三が初めて監督をした『名もなく貧しく美しく』でサンフランシスコ映画祭の主演女優賞を受けてからすでに三年がたっていて、バリバリの現役からは一歩引かれている印象があった。とはいえ、成瀬巳喜男監督の『乱れる』で、ロカルノ映画祭の最優秀女優賞を受賞されたのは、つい先日のことである。だから、まだ現役にはちがいないが、出演回数は減っていて、お願いすれば何とかお受けいただけるかもしれないという感じもする。

私は美濃部の一言に背中をおされて電話をし、番組の趣旨を説明した。すると、

「松山と代わります。ご面倒でしょうがもう一度、説明していただけませんか」

との返事だった。

「はて面妖な。本人だけではダメなのか」

そうおもいつつ松山善三にもう一度話をした。するとどんな番組、ねらいは何、これまでの出演者は、と次々に質問がつづき、まるで面接試験を受けているような気分だった。

でもめでたく合格したというわけだろう。「わかりました」の一言で、この対談は実現した。だが何を話していただいたかは覚えていない。代わりにいまでも印象深く残っているのは、話をしながら高峰さんが、横にいる私にチラッと見せた流し目だ。あの瞬間のゾクッとした感触は、何ともいえず強烈だった。

後年、親しくさせていただくようになってから、そのときの感動をご本人に告白すると、即

座に、

「でもいまじゃ、すっかりお婆さんになったといいたいのでしょ」

と切り返された。このような当意即妙のやりとりは、彼女の得意技である。

川本三郎の『君美わしく』を読むと、一九九四（平成六）年、雑誌『サライ』のインタビューで高峰さんを訪れたときのことを川本は、「はじめて憧れの女優に会うことができた。そのときは、別れたあと、〝ああ、粗相がなくてよかった〟と身体中でほっとしたほど緊張した」と書いている。

高峰さんは聞き手をそこまで緊張させる存在だった。そんな女優は珍しい。しかも私がお目にかかったのは、川本三郎よりも三十年前、高峰さんがまだ四十歳になられたばかり。十分に若さを残しておいでで、彼女の流し目に私が魂を飛ばしたのは当然といえた。

だが世のなか、いいことはそう何度もないのが通例だ。報道畑で仕事をする私が、高峰さんとお目にかかることは、もう二度とあるまいと考えていた。

ところがそれから二年後、はからずも再度お目にかかることになったのは、東京勤務の私に大阪の同僚、神阪吉雄が、「高峰秀子と加瀬俊一に大阪に来てもらいたいんだけど、頼んでもらえませんか」といってきたからである。

国連大使などを務めた外交官出身の加瀬とは、十年近いおつきあいで、年齢が親子ほどちがうのに「マイフレンド」といっていただいている間柄だ。だからこちらは簡単だが、高峰さんに大阪まで行ってもらうとなると難問だ。まずはお宅を訪ねて、お願いしてみることにした。

その日、梅原龍三郎の見事な「高峰秀子像」が飾られた応接間で、彼女と過ごした時間は楽しかった。次々に話題を提供していただいて、こちらの緊張はほぐれたが、肝心の出演については、なかなか「うん」といってもらえない。

「わかりました。でます」

と答えていただけたのは、夕刻がせまってきたころだった。

この日のことでは後になって、彼女にからかわれた。

「あの日どうして、私が出演を承知したかわかっている?」

「いいえ、どうしてですか」

「そういわなきゃ、辻さんが帰ってくれそうもなかったからよ」

私は赤面したが、同じ状況になれば、また同じことをするだろうなと考えた。それほどあの日のあの時間は、私にとって至福のときだった。

社に戻ってまず加瀬さんに連絡した。すると、

「では事前の打ち合わせにうかがいましょうよ」

といいだした。だがこの番組の担当者は大阪にいて、私は依頼の中継ぎをしただけである。そう説明し「僕は遠慮します」と答えたが、彼は「そうはいわずに」の一点ばりだ。ついに根負けし、高峰家へご一緒に行くと決めた日、彼は、

「まず帝国ホテルに寄ってください」

といいだした。はて、何だろうとおもったら、帝国ホテルの花屋で腕いっぱいのバラを買い求めた。することが、さすが元外交官だ。心憎い。

高峰家に到着すると、「嬉しい。私はお花が大好きなのよ」と満面の笑顔で迎えられ、万事は理想通りに流れているとおもわれた。だが実はそうでもなかったのを、私は後で知ることになる。

おふたりが出演した番組の放送が終わって数日後、彼女から電話がかかった。

「食事を差し上げたいので、おいでになりませんか」

とのお誘いである。大喜びでお訪ねして、ふたり差し向かいでした食事は、実に美味しかった。だが食いしん坊では折り紙つきの私なのに、不思議に食が進まない。やはり緊張していた

のだろう。

「辻さんって、小食なのね」

からかわれる羽目になった。あのときは胸がいっぱいで、食欲にまで神経がいかなかったのだろう。

加瀬さんへの不満を聞かされたのは、もう記憶がおぼろだが、多分この食事の後だろう。

「加瀬さんと同じ新幹線で大阪へ行ったでしょ。すると彼がね、〝お煙草を吸ってもいいでしょうか〟と聞いてくるのよ。〝吸いたきゃ、勝手に吸えばいいじゃない〟とおもったけど、そうもいえないじゃない。〝どうぞ〟っていったのよ。あんな慇懃な喋り方をするひとは勘弁ね。二度と一緒になりたくないわ。ひどい目にあいました」

当時はまだ、新幹線で煙草を吸ってもいい時代だった。

「慇懃無礼」「キザ」「イヤな奴」、だんだん男言葉になりきびしくなっていく彼女の言葉を、私は呆然と聞いていた。私は加瀬さんを好きだったし、その彼が罵倒されるのを聞くのはつらかった。しかし高峰のいうこともわからぬではない。賛成も反対もできずにしばらくだまって聞いていると、彼女は「ああ、すっきりした」といった感じの笑顔になり、後はもと通りの楽しい会話だった。

嬉しいことにこの日をきっかけに、お招きいただいたり、おしかけたりすることが重なって、私の担当するテレビ番組にも何度かご出演いただいた。

正月の座談会では、「着物姿でお願いします」と注文し、「あら、芸者の役をさせるつもりね」と睨まれたこともある。「私が貰うギャラは、ものを知らない私の恥かき料よ」といつも彼女はいっていたが、同席するひとたちの著書にキチンと目を通してスタジオに来る勉強家ぶりは半端でなく、女優さんの域を超えていた。

お願いごとが増えるにつれ、ホテルオークラや赤坂の中華料理店でご一緒に食事をする機会も重なった。そうしたとき彼女は、気軽にサングラスをかけて外出した。初めのうちは誰かに気づかれて面倒なことにならないかと心配したが、店員はともかく、客は気づいても知らん顔で、これも面白い発見だった。

そうした折々にうかがった話は、子供時代のこと、結婚生活のこと、趣味のこと、最近の日本のあれこれについてなど多岐にわたった。残念ながらもうほとんど忘れているが、たとえば結婚してからは、毎朝、夫君に「今日は何時に帰れるの」と聞き、それより少しでも早く家に帰って、玄関で「おかえりなさい」と出迎えることにしているとの話を、びっくりしながら聞いた覚えもある。

また夫君に口述筆記をよく頼まれる。

「でも私は小学校もロクにでていないでしょ。時々、書けない漢字があるのよ。そのときはとりあえずカタカナで書いて、彼がトイレへ行ったスキに大急ぎで辞書を引いて調べるの。大変よ」

などというお惚気交りの話もあり、「大女優がそこまで」とおどろいたことも多かった。

またあれは三木内閣が誕生する直前だから、一九七四（昭和四十九）年のことである。

「三木武夫氏を首相に推薦する」という文書がでまわり、そこに犬養道子と並んで、高峰秀子の名が記されていた。

「おやどうして、このおふたりが」

私は早速、犬養さんに聞き、高峰さんにも理由を質した。すると高峰さんは、

「私ね、いま国弘正雄さんに英語を習ってるのよ。でも私って理屈っぽいでしょ。表現で納得できないところがでてくると、〝どうして、こんないいまわしをしなくちゃいけないの〟と噛みつくの。するとこれまでの先生は、長々と説明をしてくれたわけね。でも国弘さんはちがうのよ。〝英語ではこういうのですから、ぐずぐずいわずに覚えてください〟と怒るわけ。そ

こに私は感心していて、その彼が尊敬している三木さんなら、きっと立派なひとだろうとおもって、推薦人をお引き受けしたのよ」

と答えてくれた。

このころ国弘は三木の秘書であり、だから彼女に推薦人を依頼することにもなったのだろうが、彼が三木の秘書になるについては、こんなエピソードが残っている。話が持ちこまれたとき国弘は、「僕は自民党にこれまで一度も投票したことがありません。そんな僕でいいのですか」と質問した。すると三木は英語で、「Vote one's conscience」（投票は自らの良心に従って行うべき）と答え、国弘はこれに感服して、三木の手助けをすることを承諾したというのである。

政界には眉唾ものの伝説がいっぱいある。これもそのひとつかもしれないが、三木と国弘のお人柄を考えると、如何にもありそうな話である。

国弘が同時通訳としても、きわめて有能だったことはよく知られている。私も番組で何度か氏に同時通訳をお願いした。

国弘の通訳では、こんな話を聞いたこともある。

国弘がアメリカの駐日大使だったエドウィン・ライシャワーと某政治家との対談の通訳を務めたときのことだ。日本語に堪能なライシャワーが彼の通訳ぶりを聞きとがめ、「それはこれから私がいおうとしていることです。先まわりをされては困ります」とクレームをつけ、この話が広がると、一部で「国弘は通訳失格だ」と評す声がでた。

だが私は彼のそんな通訳ぶりを評価する。通訳は翻訳機ではないからだ。このひとは何を考えていて、何をいおうとしているのか、それを正確に読み切って伝えるのが仕事である。となれば、本人が発言する前に、これから話そうとしていることをさっさと伝えるのも許容の範囲。むしろ見事な通訳と評すべきだと考えるのだが、どうだろうか。

なお国弘は後に、日本社会党委員長の土井たか子に口説かれて立候補し、参議院議員に転身した。

話がそれた。高峰さんに話を戻せば、私は一九七七（昭和五十二）年、大阪へ転勤になり、以後、彼女に電話をすることも、いただくこともなくなった。だが転勤の直前か直後に、有楽町にあった彼女が趣味で経営していたピッコロモンドという骨董品の店を覗いたことがある。

この店のことは、

「松山がね、〝僕らには子供がないから、子供を育てるつもりで店を育てなさい。ねえ、古道具屋のオバハンよ〟っていうのよ」

と聞かされていた。たまたま通りかかって入ってみると、狭いがとても洒落た店だ。おまけに嬉しいことに、店主の席に高峰さんがちょこんと座っていて、

「あら、辻さん」

と声をかけ、店に並べてあった彼女の本『瓶の中』を一冊とりだし、「辻一郎様　高峰秀子」とサインして、

「読んでください」

と手渡された。だがこういうとき、何かケチをつけたくなるのが、私の悪い癖だ。ガラスケースのなかに並ぶ茶碗や皿を見て、

「この程度のものなら、うちの蔵にいっぱいありそうですね」

と憎まれ口をきき、

「そんなこといわないでよ。昨日、新潟県まで行って、仕入れてきたばっかりなのに」

とぼやかれた。

その後も、葉書をいただいたことはある。私が書いた本への礼状だ。でも言葉を交わしたのはピッコロモンドが最後になり、二〇一〇（平成二十二）年十二月、彼女は八十六歳でこの世を去った。

最後に『いっぴきの虫』という彼女の対談集にも一言ふれておきたい。彼女にはエッセイは多いが対談集は珍しい。ここには梅原龍三郎、有吉佐和子、浜田庄司、杉村春子など、彼女が尊敬するひとたちが対談相手として次々に登場する。

なかでも「いいな」とおもって読んだのは、京劇の名優、趙丹や、谷崎潤一郎の未亡人、松子との対談である。そのどちらにもほんの一寸、お酒がでてくる。たとえば松子とは、谷崎が生前贔屓にしていた京都鷹ヶ峰の料亭で待ち合わせ、昼食をすませて法然院に墓参りをする。この昼食の席で高峰が聞く。

「ママ、お酒は?」

「ほな、ちょっとだけ……」

そして「ひょうたん型の徳利が、トクトク……と鳴って」、ふたりは昼のお酒を楽しむのである。雨の京都。美味しい料理。おそらくは着物姿の凛としたふたりの女性。お膳立てはすべて整っている。

その場に居合わせて様子を子細に眺められれば、むろん素晴らしいに決まっているが、そうでなくても、想像するだけで十分楽しい。

ところで冒頭に紹介した『高峰秀子の捨てられない荷物』の巻末には、七十六歳を迎えた彼女の写真が載っている。この写真が何ともいえず素敵である。キリッとしていて美しい。

年老いて美しさを失っていくひともいるなかで、そうではないひとの存在を知るのは、何ともいえず嬉しいことだ。心あたたまる気分になる。つまらないことも多い人生だが、いいこともたくさんあると実感できる。

おもえば高峰秀子は、才能豊かな大女優であるばかりでなく、個性豊かな教養人だった。見事な文才は誰もが認めるところだが、骨董品に目が利く趣味人であり、独自の生活信条で身を処した潔いひとでもあった。

斎藤明美は高峰さんを書いたもう一冊の本、『高峰秀子の流儀』の章立てを、「動じない、求めない、期待しない、振り返らない、迷わない、甘えない、変わらない、怠らない、媚びない、奢らない、こだわらない」などでまとめている。高峰秀子はまさに、この章立て通りの生涯を送ったひとだった。

斎藤明美はこの本で、「私はよく人に言われた。今でも言われる。〝高峰さんて、怖いでしょ？〟〝怖いことで有名だよ〟」と書いている。ここにある「怖い」とは、「機嫌を損ねて怒られる」の意味だろう。私はそんな意味で、高峰さんを怖いとおもったことは一度もない。しかしそれとは別に、高峰さんの持つ人間の大きさの前で、自分の卑小さや薄っぺらさを見抜かれる怖さを感じたことは何度もある。

私と斎藤明美とでは、高峰さんと交わった時期も深さもまるでちがう。だから同列に論じることはできないが、彼女の本を読むと、おもいが重なるように感じるところもあり、「そうそう、こんなひとだったな」と懐かしい。

すでに記したように私は東京を離れてから、彼女と連絡するのを自ら絶った。大した用もないのに、お邪魔しては申し訳ないと考えたのだ。だがいまにしておもえば、そんな無理はすべきでなかったような気がしないでもない。お訪ねして、もっとお話をしたかった。

でもいまそんなことを書けば、

「いまごろ何を世迷い言をいってるの。しっかりしなさいよ」

高峰さんの例の伝法な口調があの世から聞こえてきそうである。そのこと自体が、たまらなく懐かしい。

永六輔と「若い広場」

これもまた昔話。私が永六輔さんと比較的深いおつきあいをした一九六四（昭和三十九）年当時の話である。

それを書こうと考えたのには、若干の理由がある。

昨年（二〇一六）私は、「日本脚本アーカイブズ推進コンソーシアム」という団体が、永さんがかかわった「夢であいましょう」をはじめとする放送台本の蒐集を始めているとの話を聞いた。あわせて永さんと懇意だった多くのひとたちのインタビューも行って、集めたものは、「永六輔バーチャル記念館」におさめる計画で、この企てには、永さんのご遺族も賛同されていて、お宅にある写真や映像なども、一緒にまとめることにしているとのことだった。

昨年夏、私はこの計画を進めている中心メンバーのおひとり、橋本隆さんとお目にかかる機会をえた。そのときふとおもいついて、私のもとにある永さんが出演したテレビ番組の音声テープを持参した。一九六四（昭和三十九）年に放送した「若い広場」というシリーズの一本、「テレビの功罪」という作品だ。このシリーズは私が手がけた最初のテレビ番組だ。

白状すると持参した私には、いささかの下心があった。台本ではないが、ここには永さんの声が入っている。ひょっとして記念館の収蔵品に加えていただけるかもしれない。そうなれば自分の手がけた作品の音声が、きちんと保存されることになる。それって、素晴らしいことじゃないかと考えたのだ。

結論からいえば、そんな甘い夢は実らなかった。それは当然だ。音声と台本とでは、まるでちがう。それでも橋本さんは親切な方で、カセットテープを受けとって、やがてＣＤに入れ直して返却してくださった。

「こうしておけば、いつでも聞けますからね」

そんな説明だった。しかも手紙がそえられていて、

「『若い広場』、すごいですね。永さんが高校生と面と向かって議論している様子、あんなに熱い永さんを私は経験していませんが、創世期のテレビに関わった永さんらしい姿でした」

と記されていた。読みながら、その「若い広場」にかかわった当時をおもいおこした。それがこの一文を書こうとおもい立ったいきさつだ。

私は新日本放送（現毎日放送）というラジオ局に、一九五五（昭和三十）年四月に入社した。入社して一ヵ月後、東京支社転勤を命じられた。

「一年たったら大阪へ帰すからな」

転勤を告げるにあたって、当時の人事部長はそう約束した。

だが数年後、放送界がテレビ時代を迎えると、ラジオ局だった新日本放送は、社名を毎日放送に変えてテレビ放送を始めることになり、それにともなってさまざまな組織変更があり、私が転勤したときの人事部長は姿を消した。出身母体の阪急電鉄に戻ってしまったのだ。新しく誕生したテレビ局、関西テレビが、阪急を母体にスタートしたせいらしかった。

人事の約束など、古今東西、守られたためしがない。だから彼が姿をとどめていようが消えようが、本当のところどうでもいい。おまけに私は東京での仕事、生活、そのすべてを大いに楽しんでいて、大阪に戻りたいとは、これっぽっちもおもっていなかった。しかしそれにもかかわらず、人事部長の転出を、気持ちのどこかで多少気にしていたのは何故だろう。いまにしておもえば妙なことだ。

その私に大阪へ戻る辞令がでたのは、東京転勤から九年後、東京オリンピック開催の三ヵ月ほど前だった。

行き先はニュース部。テレビニュースを担当する部である。私はそれまで東京で、ラジオニュースとラジオの報道番組を手がけていた。だからラジオではもう一人前のつもりだったが、同じニュースでも、ラジオとテレビでは少しちがう。新しい職場に着任した私は、久々のテレビニュースに少々手こずっていた。

久々というのは、テレビニュースにかかわった短い経験が、その前にもあったからだ。一九五九（昭和三十四）年三月、毎日放送がテレビを開局したとき、私は応援を命じられ、大阪で一ヵ月ほどテレビのディレクター卓に座ったことがあった。だから五年ぶりのテレビだった。

ところが戸惑いつつニュースの仕事を始めて二週間ほどたったころ、突然、報道局次長の北尾正康から声をかけられた。

「新番組を立ち上げてほしい。最近の若者が何を考えているのか、それがわかるような番組だ。形は任せる。考えてくれないか」

「面白そうな仕事ですが、番組を作るのは社会教養部の仕事じゃありませんか。なぜニュース部で担当するのですか。だいたい僕はテレビの番組を作ったことがありませんよ」

「テレビもラジオも、似たようなものさ。その点は、気にするな。ニュースの担当ははずすから、急いで準備にかかってくれ。放送は九月六日からだ」

「え、それじゃいまから三週間もないじゃないですか。それは乱暴すぎますよ。とりあえず、誰かテレビのベテランをつけてください」

「そんなことをしたら、船が山に登ることになる。君ひとりでやってくれ」

北尾さんはそういって、ニッコリ笑った。

私は呆れるばかりだ。ラジオでもそんな慌ただしい仕事はしたことがない。こんな常識はずれの話は断ってしまえとおもったが、でも考えると、ニュースを担当しているよりも面白そうだ。引き受けるか。

それからは忙しかった。まずは番組の骨子を固め、その日のうちに企画を書いた。

・タイトルは「若い広場」
・高校生十名の討論番組。
・出演者は高校生のほかは、司会者とゲスト一名。
・討論のテーマは人生全般。高校生が何を考えているかをあぶりだすのが目的。
・ゲストは高校生が「その人に会いたい」と考えるような有名人。ただし原則として芸能人は起用しない。ゲストには高校生の議論を深める役割を果してもらう。
・番組が始まったとき、スタジオではすでに議論がスタートしている形をとり、番組の終了時も、スタジオでの議論はまだつづいているが、時間が来たので番組だけが終わる形をとる。

そんなことを、とりあえず書いたのを覚えている。企画は無事、承認された。

となると残るは司会者を誰にするのかと、どのようにして高校生を集めるかだ。

まず悩んだのは司会者だ。東京報道での仕事が長い私は、関西にどんなひとがいるのかあまり知らない。よく知っているのは、大学時代に学んだ京都大学の先生くらいだ。やむなく同僚のI君に相談すると、大阪のある大学のA教授の名前を挙げてくれ、

「あのひとなら安全パイだ。心配ないよ」

と保証した。だが私はA教授の名前は知っていても、どんな力量の人物かわからない。不安だったが、彼の言葉を信じることにした。

一方の高校生集めは、さほど心配しなかった。そのころ大学時代の友人が、神戸の灘高校や京都の紫野高校、大阪の生野高校などで先生をしていた。とりあえずは面白い生徒を彼らに推薦してもらおう。番組が軌道に乗れば、高校生からの出演希望も来るだろう。そう考えて連絡

すると、友人とはありがたいものだ。皆面白がって「応援するよ」と答えてくれた。

これですべてが決まりだとおもっていたら、そこがテレビのややこしいところで、美術や技術との打ち合わせが残っていた。まず美術さんとの打ち合わせで、私はいだいているイメージを説明した。何の飾りつけもないスタジオに、高校生がバラバラに座っていて、司会者の指名など待たずに、次々に手を挙げて熱く語る様子である。

「そんなテレビ番組にしたいとおもうのですが……」

私がオズオズと説明すると、

「わかりました。考えましょう」

といってくれ、数日後には、何枚もの青図が届けられた。だがもうひとつしっくりこない。何回か話し合ったあげく、結局はホリゾントバック、円卓という、きわめて素朴な形に落ちついた。でもテレビの素人に、とことんつきあって、知恵をだしてくれたのはありがたかった。それは技術さんも同じだった。

ラジオとちがってテレビの番組では、スタジオまわりに、カメラマン、照明、音声、スイッチャー、ミクサーなど、たくさんのひとがいる。その大部分は初対面だったが、ありがたいことに、カナメカナメに、ラジオで一緒に仕事をしたことがあるひとたちがいた。そんな人員配置をわざわざ考えてもらえるはずは絶対ないから、偶然の重なりだろうが、お陰で仕事はやりやすい。スイッチャーの加山敏雄さんも、私の顔を見るなり、あたたかい笑顔でこう聞いた。

「カメラへの指示はどうしますか。あなたがするのなら、全部してください。そうでないなら、すべてこちらに任せてください。中途半端は一番困ります」

加山さんはもちろんのこと、私がテレビ番組初体験であることをよく知っていた。だからこそ、そう聞いたのだ。

私は一も二もなく、

「全部、お任せです」

と返事した。以後このスタイルは、私が番組を離れるまでずっとつづいた。

番組がスタートしてしばらくたつと、いろんなことがわかってきた。まずおどろいたのは、「若い広場」というタイトルの番組が、NHKにすでに存在していたという事実である。調査不足の粗忽さに恥じ入ったが、スタートしてしまった以上、どうにもならない。NHKには申し訳ないが、そのまま頬かむりすることにした。

今回、これを書くにあたって日本放送協会がまとめた『放送五十年史』を読むと、「昭和三十七年には（『青年の歩み』を）『若い広場』に衣がえし、いろいろな職業、地域、環境にある青年たちの姿をフィルムで伝え、そのあとスタジオで問題を掘り下げて発展させた」とある。この番組がいつまでつづいたかは書いていないが、おそらくこちらの「若い広場」が始まる前年くらいまで、放送されていたのだろう。

これにはびっくりだったが、もっと困ったのは、司会者の感性だ。高校生がせっかく面白い発言をしても、拾い上げ発展させようとしてくれない。ディレクター卓で聞いていてイライラした。A教授とは何度も話し合ったが、いっこうに変わらない。つらい話を重ねたあげく、A教授の方からとうとう、

「仕方ありませんね。今月いっぱいで私は降ります。大学の方も忙しくなることだし」

といっていただけた。番組は始まったばかり。僅か一ヵ月で、司会者に代わっていただくなんて、本来あっていいことではない。ご本人の身になってみれば、無礼千万としかおもえない展開だろう。いまの私なら、そんな無茶をする勇気はない。だが若さとは、時に傲慢だ。そんなことに落ちついた。

とはいえ誰か、代わりの司会者案があるわけでない。「どなたになっていただいても、A教授よりはましだろう」というおもいはあるが、二度と失敗は許されない。さて、どうするか。

私は夜も眠れないほど悩んでいた。

その最中、出勤途上の駅で一緒になったアナウンサーの藤本永治さんから、

「辻ちゃん、永六さんが大阪に来て住んでいることを知ってるかい」

と声をかけられた。

いま考えても、一年先輩の藤本さんから何故、そんな声がかかったのかわからない。多分、

「君も知っているだろう永さんが、東京を離れ、しばらく大阪に住むそうだよ。懐かしいのじゃないのかい」と、軽い気持ちで新聞か週刊誌で読んだ情報を教えてくれたのだろう。

だが私には、実に嬉しい、ありがたい情報だった。そうと聞けば、後は簡単だ。永さんのマネージャー役をしていたビデオプロの藤田潔さんにその日のうちに電話をし、出演をお願いした。

その当日だったか翌日だったか、私は体調を崩して入院した。高校を訪ねて生徒たちと話し合い、帰宅して一眠りして目覚めると、横腹が猛烈に痛い。部屋のなかを這うようにして、ようやく電話にたどりつき、タクシーを呼んで入院した。

するとやがて隣の病室のひとが覗きに来て、

「身寄りは誰もいないのですか」

と聞いてくれた。親切なひとがいるものだ。実家の電話番号と会社名を告げた後は、昏睡状態になったらしい。目を覚ますとベッドの横に母と妹がいて、次に目を覚ますと報道局次長の北尾さんがいてくださった。

これではよほどの重病でなければ、申し訳が立たない気分である。ところが案に相違で、医者からはただの盲腸だといい渡された。

翌日、手術がすむと、毎日のように社の連中が見舞いに来た。術後の私は、笑うとまだ腹が痛む。すると面白がって、彼らは笑わせようと試みる。病人に対する同情など、これっぽっちもない連中だから始末が悪い。

そのあげく一週間後には無事退院し、休むヒマもなく出社すると、席がニュース部から、同じ報道局内の社会教養部に移っていた。こちらの部長は田村滋で、田村さんからは、「君にはこれまで通り、『若い広場』を担当してもらう」と申し渡された。つまり私は番組をかかえたまま、部を変わったことになる。

「それはわかりましたが、席はどこですか」

と聞くと、

「どこでもいい。空いているところに座っていてください」

田村さんはそう答えた。そのころ社会教養部の部員は、十人程度だったろうか。ほとんどの部員は、海外取材にでかけていて、席はあらかた無人だった。

それからは海外にでかけた連中が残していった番組のカバーもあり、日曜も祝日もなく明け暮れた。午前三時に退社して家に帰り、二時間後の午前五時に出社するなんて日もあった。だが私にとっての大事は、何といっても「若い広場」である。幸い永さんはこの番組をとても面白がり、出演者の高校生にはもちろんのこと、スタジオへ取材に来た新聞記者にも、いつも熱く語りかけた。

「君たち、テレビを大好きらしいが、テレビなんてナマの芝居に比べれば問題にならないね。芝居ははるかに面白い。もっと芝居を見なくちゃダメだな」

そんなことを高校生に熱く語っていた姿が目に浮かぶ。このころ永さんは三十二歳。まだ青春の真っ只中にいた。

高校生は毎週、ふたつの学校から五人ずつ選んでいた。そうすれば自ずと高校の対抗戦の形になり、議論が活発になり面白くなる。だから毎週、少なくてもふたつの高校を訪ね、魅力的な語り口の高校生を集めることに熱中した。

ゲストはテーマごとに、相応しい人物を探して招いた。たとえば、「愛国心」では大宅壮一。

「少年よ大志を抱けというけれど」では鶴見俊輔。

大宅さんは高校生から攻めこまれ、たじたじとなりながらも、「ありゃ、若武者だ。近ごろの高校生は悪くないね」とご機嫌だった。きっとご自分の若いころを、見るおもいがしたのだろう。鶴見さんは同志社大学へ打ち合わせにうかがうと、開口一番、「僕はテレビの出演は断ることにしているのだけど、電話があったとき、たまたま桑原武夫のお嬢さんが遊びに来ていて、司会が永六輔だと聞くと、〝永さんはいいですよ。是非でるといい〟といわれたんです。それででることにしました」と、出演の理由をしっかりと説明した。

ゲストは東京から呼ぶことが多かったが、困ると、京大の先生のもとを訪れた。会田雄次、生島遼一、多田道太郎など。会田先生のお宅では、エアコンがついているのを見て、「こんな便利な機械があるのだな」とびっくりしたし、東京からブルースの女王、淡谷のり子を呼んだときには、台風のような大雨のなか、「これじゃ無理かな」とおもいだしたころ、スタジオに到着していただいて、嬉しかった覚えがある。

永さんのもつ熱気に煽られるように、高校生は自由闊達に発言して、番組の評判は悪くなく、「親孝行」というサブタイトルで作ったものは、民放祭で入賞した。「テレビ視聴者参加」というジャンルでの出品だったが、地区予選の席上では一寸したドラマがあったと後で聞いた。審査員のおひとりに例のA教授がおられて、「うーん、この番組はね」と、いろいろクレームをつけられたらしいのだ。ご自分が不愉快なおもいをされたのだから当然だろう。でも発言者の表情を三百六十度捉えることのできる円卓をはじめ、当時はまだ斬新だったスタイルが評価され、一位「若い広場」、二位「夫婦善哉」(朝日放送)で地区予選を無事通過し、東京に送られた。

だが民放祭で入賞したというニュースが届いたころ、私はもう大阪にいなかった。一九六五(昭和四十)年一月、私は東京支社報道課へまた戻ることになったのだ。

この直前、社会教養部では、海外取材にあたっていた連中が次々に帰国し、私の座る席はなくなりつつあった。そこである日、

「そろそろ席を決めてください。どこに座ればいいかわからなくて……」

田村部長に訴えると、

「君の席はなくていいんだ」

田村さんはそっけなかった。

「どうしてですか」

と聞くと、「君はまた東京だから」というのである。こうして私の大阪勤務は、ニュース部三ヵ月、社会教養部三ヵ月で終了し、永さんからは、

「あなたは東京オリンピックの間だけ、東京にいなかったわけですね」

と笑われた。

あるときふと気になって、社のライブラリーに「若い広場」が残っているかどうか調べてみた。残念ながら一本も残っていない。本来なら民放祭賞をとった「親孝行」は保存されていて当然なのだが、これもない。私が現場を去ったために、誰もＶＴＲの保存申請をしなかったのだろう。おかげで冒頭に記した個人的に残していた「テレビの功罪」の音声テープが、僅かに存在するだけである。

一九六六（昭和四十一）年秋、番組が終了すると永さんは、歴代のディレクターを熱海に呼んで、お疲れさん会を開いてくださった。私は東京から参加した。大阪からは、北川敏夫、森田泰正、神坂吉雄、友野庄平などが来た。このとき永さんに連れて行かれた熱海のゲイバーのママの話の面白かったこと。これはいまでも記憶に鮮烈だ。

以後、永さんとお目にかかることはあまりなくなり、「御慶」と記した賀状を毎年いただくことだけが重なった。でも定期的に会うチャンスが、まったくなかったわけではない。

あれは一九七〇（昭和四十五）年ごろのことである。『話の特集』の矢崎泰久に、冨士眞奈美を紹介してほしいとお願いしたことがあった。冨士さんがまだ三十歳を過ぎたばかりのころである。トーク番組の聞き手をお願いできるかどうか、打診したいと考えたのだ。矢崎さんは早速、叶えてくださったが、聞けば句会からの帰りだそうである。おかげで話が一段落したところで、

「辻さんもどうです。ご一緒に俳句を、やりませんか。楽しいですよ」

と誘われる破目になった。

「え、どんなメンバーですか」

「まずこの富士さん、それから僕。ほかに永六輔、小沢昭一、岸田今日子、黒柳徹子、宝官正章、吉永小百合……」

そう聞いて、私は大急ぎで断った。そんなひとたちに、自分の下手な俳句を馬鹿にされるのは、あまりにもつらすぎる。

その永さんと最後にお目にかかったのは、十五年ほど前のことだ。毎日放送を退社した後、私はある大学で教師をした。その大学の講演会で、誰を講師に招くかとなったとき、永さんを推薦した。期待通り、彼の話は面白く、会場は大いに沸いた。それを見届けた永さんは話の最後に、

「私は今日、辻教授の依頼でここに来ました。これからも私の話を聞いてみようという方がおいでてでしたら、辻先生に声をかけてください。いつでも喜んでやって来ます」

とおっしゃってくださった。永さんらしい心遣いだった。

だがそれもこれも遠い話。すべては往時茫々である。

最後に一言。永さんの声が入った「若い広場」は、その後、橋本隆さんのご尽力で、記念館の収蔵品に加えられることになりかけたが、結局実現はしなかった。そのことを伝える橋本さんからの手紙には、「『若い広場』を多くの方に聴いていただけないことを残念に思います」と書かれていた。世のなかには、ままならないことがとても多い。

お目にかかる約束・永井路子

今年（二〇一七）届いた永井路子さんからの賀状には、ある病院との関連をうかがわせる住所が記されていて、小さな文字で「引っ越しました」とそえられていた。どうやら病院と一体の介護施設に移られたようである。その賀状を眺めながら、かなり前に『千里眼』に書いた一文をおもいだした。こんなことを書いている。

昨日、作家の永井路子さんに久々に電話をした。何故、おかけしたのか、理由はまことに他愛もない。『千里眼』に彼女のことを書こうと考えたとたんに、「一度、お声を聞いておかなくては」とおもったからである。しかしその話に入る前に、若干のむだ話をさせていただこう。

私は書店や図書館に並んでいる作家たちの本を見て、「この方々は、どうしてこんなにたくさんのものを書いたのだろう」といつも不思議になる。むろん、そのおかげで私たちは、読書の楽しみを何不自由なく満喫している。手あたりしだいに乱読しては、「ああ面白かった」と、次の本にかかっている。ではあっても、作家の創作意欲の背後にあるものはいったい何か、私はいつも不思議におもってきた。

彼らの新しい人間像を生みだす能力は、人智をはるかに超えている。「それが作家というものだ」といってしまえばそれまでだが、彼ら、彼女らの手にかかると、それまで地球上にカケラもなかった人間が、突然目覚めて楽しげに喋りだし、とんでもない悪事を働いたり、燃えるような恋をしたり、いきいきと動きだす。

「この才能はいったい何だ」

私は疑問をいだくとともに、羨ましくおもってきた。

ところが最近、この謎ときの材料になりそうな一冊の本とめぐりあった。

永井さんよりかなり年下の女流作家、小川洋子さんが書いた『とにかく散歩いたしましょう』である。彼女はこのなかで、自分の作品ができあがるのは、『遠野物語』に登場する神様、オクナイサマのおかげだと秘密を明かす。そして痴呆がやや進んだ父親に新刊書を「この本、私が全部書いたのよ」と届けたときにも、「こんなに書いたら、死んでしまう」と娘の身を案じる父親に、「大丈夫よ。オクナイサマに手伝ってもらったから」と答えた次第を明かしている。

締め切り日を目前に控え、作家の彼や彼女が落ちつきなく部屋をうろうろしているとき、オクナイサマがパソコンの前に座り、彼や彼女に代わって小さな手の細い指で、カタ、カタ、カタとキーボードを打っている図は、想像するだけでウキウキする。そんなことがもしあれば、人生どんなにか楽しいだろうと、ついおもう。だが案外、それが真実かもしれないのだ。文字が文字を呼び、描く人物が勝手に動きだすとは、つまりそういうことかもしれないのだ。

そうでもなければ、作家があんなに楽しい作品を、あんなに次々、生みだせるはずがない。

だがそれにしても創作の苦労には、現代を扱う作家と歴史を扱う作家とでは、いささかちがうものがありそうだ。たとえば小川洋子が『博士の愛した数式』を書く場合は、白いキャンバスに空想を、いくらでも自由に広げることが可能だろう。夢は夢を呼び、妄想は妄想を招いて、読者を楽しませる一編が完成する。

しかし永井さんのような歴史作家の場合には、少しちがう。たとえば藤原道長を主人公とする場合、片手に年表と系図を広げ、「何年何月何日、こんな事件が起こった」という史実は守りつつも、過去の歴史解釈に疑いの目を向け、現代の感覚で道長の内面を捉え直そうと試みる。これは一面、きわめてやり甲斐のある作業だが、同時にとても難しい荒技である。

それだけに歴史作家は手のうちに、登場させる主人公の性癖や行動パターンを、しっかとおさめていることが必要だ。まずは彼らの論理、価値観、倫理観、彼らの好みを「こうだったろう」と構築することからスタートし、日常生活の細かいディテールまで規定し、それにそって筆を進める作業が第一歩になる。作家になり代わって答えれば、おそらくそういうことだろう。

だから永井さんは司馬遼太郎との対談で、北条政子を紹介するときにも、「(彼女は)裸足で歩いて、お洗濯もするし、草取りもしなきゃいけない。弟が小さいから、それの子守もしなきゃいけない」と、ついさっきまで面倒を見ていた隣の家の娘っ子を語るような気軽さで説明する。登場人物のひとりひとりを、そこまで自分の手のなかに入れていないと、作品のなかで自由自在に動かすことがきっとできないのにちがいない。

ところでこの対談のお相手の司馬さんは寺内大吉さんなどとご一緒に、『近代説話』という同人誌の発起人をされていた。この同人誌のメンバーには、黒岩重吾、伊藤桂一などとともに、永井さんもいた。

司馬さんはこの『近代説話』を創刊してから二年後の一九五九(昭和三十四)年、『梟の城』で直木賞を受賞し流行作家の仲間入りをした。そうなるとこの修業の場をつづけることは面倒で重荷になる。早くやめたい。だがそれをおもいとどまったのは、まだお若い永井さんの発表の場を、減らすことへのためらいだったといわれている。真偽のほどはわからない。だがそのような説が伝わるほど、彼女はその当時から、期待のひとだったということだろう。

「だから私、司馬さんには頭が上がらないのよ」

そんな話を永井さんからうかがったようなおぼろな記憶もある。

その永井さんが『炎環』で直木賞を受賞したのは、司馬さんの受賞から五年後、一九六四（昭和三十九）年である。以後、彼女は精力的に書きつづけてきた。

NHKの大河ドラマだけにしぼっても、永井さんの作品は『草燃える』と『毛利元就』の原作として使われた。こんな作家はほかにはいない。だがそんなこと以上に刮目すべきは、永井さんがこれまでとかく軽視されがちだった多くの女性に焦点をあてた作品作りをされてきたことである。持統天皇、元正天皇、平時子、北条政子、日野富子、お市の方、おねね、おごう、山内一豊の妻など、きりがないのでこのへんでおくとして、実に多くの女性が、彼女の手で目を覚まし、活字になってこの世にでた。

こうした活動が評価され菊池寛賞が贈られたのは、一九八四（昭和五十九）年である。受賞理由は、「難解な史料をもとにして、歴史小説に新風をもたらした」だったが、この授賞式で彼女は、「私にとって一番大事なのは生きている伴侶。次が史料。でもはじめのうちは〃あら、そう〟と真っ正面からつきあっていた史料とも、最近は〝あーら、ウソばっかりおっしゃって〟の関係になり、だましだまされ、まるで伴侶とのような関係で……」と挨拶され、そのユーモラスな表現に、会場中が大笑いをしたことがあるそうだ。このときは笑っていて、つい聞き流してしまったひとが多かったかもしれないが、史料は歴史小説の作家にとって、一番大事なものである。その商売道具と「だましだまされ」とは、ただごとではない。しかも彼女はその史料をもとに、主人公の性格を判断し、心理を洞察し、物語をくみ立てている。そして頭のなかで動きだした主人公の様子を、紙に写しとって読ませてくれる。つまり史料は彼女の作品の出発点であり、その史料との格闘のさまが、作品の方向を決めていく。この按配の素晴らしさが、彼女の作品の魅力である。

もう片方の「だましだまされ」の関係のご伴侶は、歴史学者の黒板伸夫だ。

いつだったか、

「作品を書くにあたって、ご伴侶の意見をお聞きになることもあるのですか」

と質問すると、

「歴史学者の領域って、とても狭いのね。黒板の専門は日本古代史なので、そこから少しでも離れると、何を聞いても全然ダメね。でも鎌倉時代（だったとおもうのだが）のある人物をとり上げることになったとき〝同時代の日記をたくさん読め〟といわれたことがあったのよ。あれはとてもいい助言だった」

そう答えてくださったことがある。

ところで菊池寛賞の同じ部門で、彼女より先に賞をもらったのは、子母澤寛、司馬遼太郎、海音寺潮五郎の三氏である。永井さんも含めたこの四氏はいずれも大変な勉強家で、作品にとりかかるにあたって、丹念に史料をひもといたひとたちばかりだ。

余談だがこのなかの子母澤寛は、新聞記者として私の父の先輩。だから私の幼児期をよくご存知で、大学生になってお宅にうかがったとき、「あの赤ん坊があんなに大きくなったのだから、われわれが老人になったのも当然だ」と、父のもとに手紙をいただいたことがある。

またこれは一九七〇年代初めの体験だが、父に頼まれて入院中の海音寺潮五郎を慶應義塾大学病院に見舞ったことがある。病室に通されると、氏は前日に手術が終わったばかりだというのに、『資治通鑑』のページをくっておられた。その様子を見て、「作家とは、こんなにも寸暇を惜しんで勉強されるのか」とおどろいたことを覚えている。

さて話を本題に戻すと、一九九六（平成八）年、『望みしは何ぞ―王朝・優雅なる野望』という作品が永井さんから送られてきた。彼女の代表作には、藤原道長を描いた『この世をば』がある。道長はこれまでともすれば、「栄華を誇る権力者」としてとり上げられることが多かった。しかしこの作品で道長は、おっとりとした愛すべき幸運児として描かれている。いただいた『望みしは何ぞ』はいわばその続編で、道長の息子、能信が主人公になり、必ずしも順風満帆とはいいかねる人生を歩みだすところから、書きだされていた。

お礼状をだすと、すぐにご返事が来た。

そこには「多分これが私の長編小説の最後のものになると思いましたので、謹呈させて頂きました」とあり、「思えばはじめて書いた懸賞小説を御尊父様に取り上げて頂き、最後のものを御子息様に謹呈するというご縁の不思議」とも記されていた。

この手紙には、少し説明がいる。永井さんが「三条院記」で『サンデー毎日』の懸賞小説に入選し、作家としての第一歩をふみだされたのは、一九五一（昭和二十六）年のことである。このとき父は、十万円の賞金を彼女にお渡しする立場にあった。

嬉しいことに永井さんはこの文面にもかかわらず、『望みしは何ぞ』の後も作家活動をつづけられ、二〇〇八（平成二十）年に出版された『岩倉具視　言葉の皮を剥ぎながら』が最後の長編小説になった。むろん、この作品もお送りいただいた。

このタイトルの「剥ぎながら」が端的に示すように、彼女の人物鑑定眼は、一見優しそうで、なかなか鋭いところがある。たとえば読売新聞に連載した『よみがえる万葉人』では、

なかなかに人とあらずは酒壺になりにてしかも酒に染みなむ

なまじ人間でいるよりも、酒壺になって酒をだきしめていたいと歌った大伴旅人の壮絶なまでの酒好きを紹介した上で、旅人の人間性にもふれている。彼女の見るところ、旅人は酒好きの優れた歌人であった反面、巧みな政界遊泳術を身につけた宮廷人でもあった。そのことをちょっぴり皮肉をこめて、ユーモラスに暴いている。旅人がこれを読めば、赤面するだろうか、笑いだすだろうか。

この永井さんとは、このところすっかりご無沙汰を重ねている。しかし冒頭に記したように、『千里眼』がきっかけで電話を差し上げ、久闊を叙すうちに話がはずんで、某月某日、東京でお目にかかって食事をする約束ができあがった。

そのときにはどのように話がはずむか、いまから楽しみだが、もしできれば彼女がまだ『女

学生の友』だったか『マドモアゼル』だったかの編集者だったころ、原稿の依頼で編集長に連れられて、川端康成のお宅を訪ねられたときの思い出話などもうかがいたい。

お会いする際の手土産には何がいいか。それを考える楽しみもまたできた。

南極のタロ・ジロと菊池徹

菊池徹さんが亡くなり、その通知が息子さんから届いたのは、二〇〇七（平成十九）年のことである。

そこには、

「父　菊池徹儀　かねてより病気療養中のところ、カナダ・バンクーバー市において多臓器不全の為、永眠いたしました。享年、八十四歳」

とあり、「お別れの会」を東京芝公園の増上寺で行うと書かれていた。この会には是非出席したかったが、よんどころのない事情があって失礼し、詫び状を書くことになってしまった。

だからその日、どれくらいのひとが集まって、彼を悼んだのかはわからない。だがいま菊池さんの名前を覚えているひとが、それほどたくさんいるとはおもえない。それを考えれば、いささか寂しい会だったかもしれず、欠席のお詫びもかねて彼にまつわる話を、遅ればせながら書いておきたい。以下、敬称は略することにする。

さて、私が菊池に初めてお目にかかったのは、一九五八（昭和三十三）年、第一次南極越冬隊が一年間におよぶ極地での生活を終え帰国し、隊員全員が出席し南極観測統合推進本部の主催で、東京の赤坂プリンスホテルを会場に座談会が開かれたときである。しかしこのときは格別、個人的に会話を交わすこともなく、だから親しくなることもなく別れている。

その日、私は民放ラジオの幹事として座談会に立ち会っていた。座談会を収録して、使いたいと希望する社に送りだすのが私の役目だったが、とりあえずの仕事といえば、司会役の文部省（現文部科学省）の稲田事務次官と進行についての簡単な相談をすればよいだけで、後はつめかけた新聞記者に交って話を聞くことに専念した。だからかなり熱心に話を聞いていたはずなのに、その席で何が語られたか、まったくといっていいほど覚えていない。

またいまこれを書いていてふと気になったのは、ＮＨＫはどうだったのかの問題だ。ＮＨＫが別にもう一本、その席にマイクを立てていた記憶はないし、だとすればあの日私は、ＮＨＫも含めた全ラジオの代表だったのだろうか。それも少し妙である。

一方、この座談会のテレビの方の幹事社は、日本テレビだった。このころ東京ではすでに、

ＮＨＫテレビとラジオ東京テレビ（現東京放送）も開局していた。だからテレビ用には日本テレビが代表して収録し、各局が使えるよう便宜をはかることになっていた。ところがその日本テレビは、記者クラブで解禁時間を決めていた南極の写真を、それより早く放送にだしたというういうっかりミスをとがめられ、「座談会の放送はまかりならない」という制裁を受けていた。つまり収録はするが、自分の社では使えないことになっていた。

「おや気の毒に。使えないのに、幹事の義務だけは求められるのか。はりあいのない仕事をさせられて……」

そうおもいつつ、私は担当していた日本テレビの男に、

「はじめまして」

と名刺をだした。すると意外なことに、その男は口をとがらせて、

「はじめましてじゃないですよ」

というのである。もう一度、名刺に目を落とし、中本晋介という名前を見てようやくわかった。この男は私の赤坂小学校時代の二年ほど後輩である。しかも彼の父親も新聞記者で、親同士が仲がよく、家へもよく遊び行った間柄だった。おたがい戦争中に縁故疎開をし、それ以来の出会いだから、十四、五年ぶりの再会である。ゆっくり喋りたいところだったが、すぐに座

談会が始まった。私たちはそれぞれの持ち場に戻った。

この座談会では昭和基地に残してきた犬のことも、大きな話題のひとつだったはずである。そうだとすれば犬の係の責任者、今回の主人公の菊池にも、話は何度もふられたにちがいない。しかし何ひとつおもいだせない。

それにまた「残してきた犬」といっても、もう五十年も昔の話である。映画『南極物語』で詳しく語られた話だからご記憶の方もいるかもしれないが、知らない方が大半だろう。当時のいきさつを簡単に説明しておこう。


一九五八（昭和三十三）年二月、一年におよぶ南極での任務を終えた第一次越冬隊は、自分たちが果たしてきた仕事を、第二次越冬隊に引き継ぐことになっていた。ところがこの年、南極観測船宗谷は悪天候と厚い氷にはばまれて、昭和基地に接近できなかった。それでも帰国する第一次越冬隊員だけは、軽飛行機でかろうじて宗谷にはこびこまれたが、第二次越冬隊のための物質を南極基地に運搬することは不可能となり、二年目の越冬計画は断念せざるをえなくなった。それとともに、基地にいた十五頭のカラフト犬はおきざりにされる事態になった。そうするほか、なかったのだ。

この犬の世話を担当していたのが、北海道大学出身の地質学者、菊池徹と、京都大学出身の地球物理学者で、後に九州大学の教授になった北村泰一だった。ふたりは西堀栄三郎越冬隊長に、犬のためにもう一度、昭和基地まで飛行機を飛ばしてほしいと懸命に食い下がった。しかし宗谷にはもうこれ以上、南極の海にとどまっている余力はなく、犬を見捨てて出航せざるをえなかった。

そのあたりの事情を西堀隊長は『南極越冬記』のなかに、

> 一〇・〇〇ごろ、会議で永田（武）隊長から「あきらめよう」と話があった。ついに昭和基地は空き家になった。そして、犬たち！（略）わたしは、新しい越冬隊が必ず基地に達するであろうと信じていた。それなればこそ、犬もそのままにしてきたのだ。次の越冬隊は犬になれていないので、クサリにつないでおかなければ、すぐ使うことはできないと思ったからだった。結果的には誤信《ママ》であったが。しかし、このような場合、最後まで越冬隊を送りこめると信じていることは絶対必要なことである。もっと大切なことは、何としてでも越冬隊を送りこもうとする努力を最後までつづけるということであった。そして、ついに最後が来てしまったのだ。エキスペディションというものはこうしたものだ。すべて、一二・〇〇を

もって打切り。（略）まもなく「宗谷」はケープタウンに向って北航した。

と記している。

ここにいたるまでに西堀は、第一次越冬隊がさらにもう一年、南極に残ることも考えた。南極観測は継続が何よりも重要であり、第二次越冬隊が入れないのなら、自分たちがもう一年、南極にとどまるのが望ましいと考えたのだ。西堀はこれを隊員に諮り、賛成をえて、誓約書もとっていた。だがこの考えを文部省に示すと、「人道上、由々しき問題につき、止めてもらいたい」と激しい語調の電報が届き、西堀をおどろかせた。おそらく文部省は「さらにもう一年、過酷な南極で過ごさせるなんてとんでもない」という世論が盛り上がるのでは、と恐れたのだろう。西堀は、

「生命の危険はない。誓約書もとってある。しかも本人が残りたいというのに、なにが人道問題だとうたがう」

と記しているが、それでも決定は決定であり、従うしかない。カラフト犬がクサリにつながれたまま基地に残されることになったのは、いわばその結果であり、文字通り無念の出航だった。

このおもいを、菊池とともに犬の訓練にあたった北村は、『南極第一次越冬隊とカラフト犬』のなかでこう書いた。


ついにタイムアウト！　正午一二時、行動打ち切りが決定された。

午後二時、食堂に全員が集められた。

「われわれは、涙をのんで、第二次越冬観測計画をここに断念せざるを得なくなった……」

永田隊長の声に、だれ一人音を立てなかった。条件に恵まれず、万策つきたいきさつの説明があった後、

「互いに傷心をいたわりあい、帰国の途につこう……」

永田隊長の目から光るものがこぼれた。

とうとうこうなってしまった。犬たちはどうしているのだろう。かわいそうな犬たち！

しかし、今は何を言っても叫んでもどうなるものでもなかった。


だがこの苦渋の決断を知ってか、知らずか、世論は沸騰した。犬をおきざりにしたことを、動物愛護の見地から、許しがたいと見たのである。当時私は文部省のなかにおかれた南極記者

クラブのメンバーだったが、朝日新聞の記者のもとには社主の村山長挙の夫人から何度も電話が入り、

「あなた、どうしてもっと激しく抗議する記事を書かないの。ダメじゃない」

と叱られて、

「あの状況下では、ほかの選択肢がなかったことを、どうしてわかってもらえないのだろう」

と顔をゆがめてぼやくのを、横目で眺めていた覚えがある。

そんな騒ぎがあっただけに、翌年、昭和基地に向かった第三次越冬隊が、おきざりにした犬のタロとジロが基地周辺で元気で生きているのを見つけだしたときの喜びは大きかったし、日本中をおどろかせた。

このいきさつを犬係だったふたりの隊員は、それぞれ何冊もの本を書いて上梓し、民族学者の梅棹忠夫から、「感動的」で「すてきにおもしろい」との評をえた。梅棹はさらにつづけて、「(彼らが)カラフト犬のことをかきつづけるのは、当時やむえぬこととはいえ、イヌたちをおきざりにしなければならなかったことに対して、イヌぞりチームの責任者としてのかれらの、イヌたちへの鎮魂のいのりとみてもよいであろうか」とも記している。おそらくその通りだろう。

この犬係の菊池と北村はいずれも梅棹とは、深いつながりで結ばれていた。しかしその話は

後にまわすとして、その前に、先にふれた映画『南極物語』と菊池のかかわりを記しておこう。ただしこの『南極物語』には公開された作品が二本ある。一九八三（昭和五十八）年、蔵原惟繕監督の手によって作られた日本映画と、二〇〇六（平成十八）年に公開されたリメイク版のアメリカ映画だが、ここで話題にするのは前者である。この映画で菊池の役を演じたのは高倉健だ。こんなスジである。

南極から帰国した後、菊池は北海道大学講師の職を辞し、カラフト犬を提供してくれた北海道の家々を一軒、一軒訪ね謝ってまわっていた。菊池のこの行脚を伝え聞いた北村は、十五頭の犬の銅像が造られて、除幕式が開かれる稚内に向かった。そこで北村は、菊池が外国人記者からぶしつけな質問をあびせられ、

「この手で殺してやった方がまだ救われた」

と、苦渋に満ちた表情で語るのを見た。

一方、南極では犬たちの生き残りをかけた壮絶な戦いが繰り広げられていた。その戦いはまず、つけていた首輪から抜けだすことから始まった。あげく自由をえたのは、十五頭のうちの八頭で、しかも自由になったこの八頭も、生きるための食料探しに四苦八苦した。

翌年、第三次越冬隊が派遣されると聞いて、菊池と北村は応募した。昭和基地に着いたふた

りは、首輪をつけたまま死んでいる犬を見て慟哭する。やがて丘の上に二頭の犬がいるのを見つけて駆けだした。タロとジロだった。

しかし映画だから当然だが、事実はさまざまな点で少しずつちがう。

まず第三次越冬隊員としてふたたび昭和基地に入ったのは北村ひとりで、菊池は参加しなかった。これはいったい何故なのか。私は彼と親しくつきあうようになってから、確かめたいおもいにかられたが、うかがうのは心ない仕打ちのように感じてあきらめた。

次に菊池の北海道大学講師もフィクションで、彼は通産省工業技術院地質研究所に勤めていた。帰国後にここを辞めたが、その理由が、犬を提供してもらったひとたちに謝ってまわるためだったかどうかはわからない。だが犬を基地に残してきたことが、菊池のその後の人生を大きく変えたのは事実である。

そのことを菊池は『ドキュメントフォト・南極——タロ・ジロは生きていた』のなかで、「タロとジロが生きていた……このニュースは、私にとって生涯忘れられない事件であった。それは南極へ行った当事者として、しかもその犬たちを残した責任者として、胸がつまるし、私の人生をすっかり変えてしまったといってよい。」と書いた通りだ。

さらに映画のなかで犬が食料を求め四苦八苦しているのも、事実かどうかよくわからない。第一次越冬隊は基地を去るとき、基地に到着した第二次越冬隊がいつでも犬にあたえることができるように、好物のドッグ・ペミカンなどたくさんの食料を、犬をつないだ付近と基地の通路において去った。この通路の天井の釘には、犬の毛がからみついていたことから、春になって犬が歩いたものと推察できた。

しかしどちらの食料にも、全然手がつけられていなかった。それでいて基地周辺にはペンギンなどの動物が襲われた形跡はほとんどなく、死体もほんの少ししか散乱していなかった。にもかかわらず第三次越冬隊に発見されたとき、タロとジロは小熊のように、まるまると肥っていた。では犬はいったい何を食料に一年を過ごしたのか。これはいまだにとけないナゾである。

犬にまつわるナゾといえば、こんな話もある。

ひとつは北村が見た夢である。彼は第三次越冬隊員として南極に向かう直前のある日、二頭の犬が生きている夢を見た。ただどの犬かまではわからなかった。あまりにもリアルな夢におどろいた彼は、そのことを第三次越冬隊の出発を期して開かれた送別の宴で、西堀以下の出席者に披露した。皆は苦笑するだけだった。しかしやがてそれが事実になった。

もうひとつは、先にも一言ふれた十五頭の犬の銅像の除幕式でのエピソードである。式典には、西堀、菊池、それにやはり第一次越冬隊員だった藤井恒男の三人が出席し（映画はこの点でもちがっている。北村は出席しなかった）、菊池が代表して弔辞を読んだ。しかし菊池はリキ、ゴロ、アンコ、クマ……と十三頭の犬の名前を順にいったところで絶句し、十四頭目と十五頭目は省略して、「安らかに眠れ」と結んで終えた。菊池が犬の名前を呼ぶのを指を折って数えていた藤井は後で、どうして十三頭でいいやめたのかと質したところ、「あのときは、どうしても最後の二頭がおもいだせず、仕方なく安らかに眠れと結んだのだ」と答えたそうだ。このどうしてもおもいだせなかった犬の名前が、タロとジロだった。

この話を書いた北村は学者であり、藤井は朝日新聞社会部出身の記者である。いい加減なヨタを書いたとはおもえないし、聞きまちがい、記憶ちがいともおもえない。奇々怪々、実に不思議な話だが、どう解釈すればいいのだろうか。

さてここで話を戻し、菊池、北村のふたりの著書を、「感動的」で「すてきにおもしろい」と評した梅棹忠夫と彼らとの、交わりについてもふれておきたい。

まず北村は京都大学学士山岳会（ＡＡＣＫ）のメンバーで、若いころから京都の北白川にあった先輩の梅棹家によく出入りしていた。だからつきあいが長くて深いのは当然である。

梅棹はご自身の著『行為と妄想』で、一九五〇年代から六〇年代にかけて、自宅の広間を毎週金曜日、若い研究者や学生たちに開放し、夜を通して語り合うことにしていたことを記している。集まるメンバーは限定せずに誰でも歓迎。ビールと簡単なおつまみだけを用意し、ビールは台所の冷蔵庫から勝手にいくらでもとりだしてよいのをルールにした。このサロンでの話題は、「地球から全宇宙にまでおよび、自然科学から人文科学、社会科学の全領域にわたった」というからすさまじい。世間から「金曜会」とも「梅棹サロン」とも呼ばれていた。

あるとき梅棹との語らいで、話題がそのころの思い出におよんだとき、私はふと気になって、

「どうしてビールだけだったのですか」

とご本人に聞いたことがある。すると、

「あのころはまだ、ワインの美味さを知らんかったからでしょう。それにビールは安いですからね、どんなに飲まれても、わが家の経済に響かんかった」

そんな返事が戻ってきた覚えがある。

このサロンでの語り合いはきわめて戦闘的、攻撃的で、きびしい討論になることが多かった。梅棹家を訪ねる若い研究者たちは、「今夜こそ、先生に一矢むくいよう」と心に決め、準備万端、意欲満々、「これならやれる」と理論武装した上で、乗りこんでくる。

「それをばったばったと返り討ちにするんですわ。あれは楽しかった」

と梅棹は述懐する。

加藤秀俊は梅棹が亡くなった直後、朝日新聞の夕刊に、梅棹の討論術についてこんな談話を寄せている。

「共同研究会は午後一時ごろから始まるが、夜型人間の梅棹さんは大幅に遅刻して出席し、しばしば居眠りもした。でも、議論は聞いていた。研究会のメンバーが、さあお開きにしようと思い始める午後六時ごろ、にわかに目覚め、それまでの議論は全部間違いだと断じ、自らの見解でおしまくる。それをSF作家の小松左京さんは、『白紙還元法』と名づけました」

そしてこの記事のなかで加藤は、梅棹を「道楽者」と呼び、「道楽者の神髄は議論にあった。面白いとおもったら何でも話題にする。碁をする人間と将棋をする人間はどっちがインテリか、犬と猫のどっちをペットにするのが知的かなど、あらゆるテーマで議論を楽しんだ」と語っている。

これは共同研究会でのエピソードであり、梅棹サロンでのことではないが、どちらの場合も議論のありようは、似たようなものだったろうと察しがつく。

当時の梅棹には相手を論破する見事な切れ味から、「小次郎」のあだ名がつけられた。このころ朝日新聞の夕刊で、佐々木小次郎を主人公とする連載小説が掲載されていた。そこからの連想らしい。

「でもね、当時わが家に出入りした連中のなかから、たくさんの人材が生まれました。その彼らがやがて、日本中のいたるところに散っていったので、日本中に私の若い友人がいることになりました。おかげで国立民族学博物館の館長を務めることになったときには、日本中の若い仲間が私を助けてくれました。ある人は『水滸伝』をもじって、『梅棹は兵を養うこと千日』といいました。でも私は、ビールで兵を養ったつもりはありません。しかしたくさんの若いエネルギーに支えられ、その後の私の人生が楽しく展開したというのはその通りですね」

梅棹はそう述懐した。

脱線ついでにもう少し脱線すれば、鶴見俊輔はかつて、「日本で学問らしい学問はすべて京都で生まれた」という意味のことを書いたことがある。下鴨や北白川界隈に住まいを持つ知識人が、連日のように深夜まで徹底的な議論を繰り返したので、京都では学問が発達した。それができたというのも、議論がどんなに深夜におよんでも、歩いて帰宅できる範囲内に皆が住んでいたからであり、そうはいかない東京では、大した学問が生まれなかったという説である。

しかも議論の場は、梅棹サロンや共同研究会だけにとどまらず、桑原武夫が所長をする京大人文科学研究所にもあった。ここで生まれた『ルソー研究』や『フランス百科全集の研究』などの学際的な共同研究は、激しい議論を下地に実った果実である。

さてこの梅棹サロンの一員だった北村の場合よりも、さらに運命的な出会いを梅棹との間で果たしたのは菊池である。そのことを梅棹は『裏がえしの自伝』のなかで詳述している。彼はこの本の「はじめに」に、「人生には無数のわかれ道がある。あのときは右の道をとったけれど、もし左の道をとっていたら、どんなことになっていただろうか、などと空想するのもまたたのしいことかもしれない」と書き、その上で、この本におさめた「わたしは大工」「わたしは芸術家」「わたしはプレイボウイ」などのエッセイは、いずれもわたしの回想録で、その意味では自伝の一部だが、いずれもわたしの現在にはつながっているところはなく、「こういうものになりたいとおもい、またその機会も可能性もじゅうぶんあったのだが、けっきょくはそうはならなかった、あるいは、なれなかった人生の話なのだ」という意味のことを書いている。つまりこれは梅棹のバーチャル世界での自伝であり、それを記すことで、実在としての自分をより明確に浮かび上がらせようとする戯れを、梅棹が心ゆくまで楽しんだ本である。

このなかの「わたしは極地探検家」の章に菊池は登場する。第一次越冬隊が日本をはなれる三ヵ月ほど前のこと、「第一次隊のイヌぞり担当をおおせつかったのだが、どうしてよいのか皆目見当がつかない」と菊池がはるばる京都の梅棹家を訪ねてきたところから、この章は語りだされる。困り切った菊池がいろいろ調べてみると、梅棹が昔書いた「犬橇の研究」という論文が見つかった。日本語で書かれたイヌぞりの研究は、後にも先にもこれひとつしかない。それで「直接著者とはなすためにやってきた」と菊池は説明したそうである。

その夜、梅棹は菊池の疑問に存分に答えた上で、ゆっくり時間をかけて歓談した。たまたまその日は八月十六日だった。如意岳を真っ正面にのぞむ梅棹家の二階から夜になると、あかあかと燃える大文字がよく見えた。大阪生まれの菊池だが、初めて見る大文字である。偶然その日に京都に来合わせた幸せを、彼は口にした。

やがて梅棹家には、南極に無事に着いたと菊池から葉書が届いた。そこには「ルッツォホルム湾にて。元気で頑張っております。とてもよい勉強をしています」とも記されていた。

菊池たちが訓練した犬ぞりは、南極で大活躍した。とくに標高一四八〇メートルのボツンヌーテン登頂への二十七日間の旅行と、未踏の地プリンスオラフ沿岸への十六日間の旅行は、そもそも犬ぞり抜きには実現できないものだった。前者での走行距離は三百四十五キロ、後者では三百五十五キロ。南極のきびしい自然環境から考えれば、途方もない距離を走ったことになる。

だが面白いことに西堀の『南極越冬記』を読むと、犬たちの奮闘ぶりを評価する記述はほとんどない。その代わり、というのも変な話だが、菊池たちを犬とのかかわりで書いているくだりが結構目につく。

たとえば、「菊池・北村は犬ゾリに帆をかけて、たった三時間で帰って来たのだった。やっぱり日本の山の猛者たちである」とか、「普通の装備は、極力切り下げて、そのかわり次の三つのものをもっていけと、わたしはいった。それは、ラジオの受信機と、一六ミリの撮影機と、ウィルド（測量機）である。しかし、菊池は、重いからといって拒否する。わたしは、南極を旅行するのに、たいせつな測量機械を持っていかないようなやつは、探検家の資格はないぞ、といった。すると菊池は、『資格はなくてもよろしいから、持っていくのはかんにんしてくれ』というので笑ってしまった。かれは、犬係として、犬の負担を心配しているのだ」などとある。この書きっぷりから察するに、菊池と北村は、西堀のとくにお気に入りの隊員だったようである。

菊池は南極越冬から帰って八年後、奥さんとふたりの息子を連れてカナダに渡った。そのことを梅棹は挨拶状を受けとって知っていた。

でも何故カナダに移住したのか。菊池はその理由を、彼の著書『自立への路』のなかでこう説明している。

一九六六年五月、私は勤務していた会社に辞表を提出して、カナダの鉱山会社に就職しました。（略）私がカナダに就職した最大の理由は、日本の資金をカナダ鉱業界へ誘致してカナダでの鉱山の開発を行い、生産された鉱石（主として銅）を日本に輸入しようと考えたのです。つまり日本人（社）が海外に資金をもって出かけて行き、自らの手で探鉱投資を行い、よい鉱山を入手して開発・操業し、生産された原鉱石を日本向けに輸出しようというのです。私は本気だったのです。私の人生のすべてを賭けて、カナダ移住に踏み切ったのです。

しかし菊池の考えた海外の鉱山への投資は、日本の通産省（現経済産業省）の許可するところとならず、「人生のすべてを賭け」た計画は実現しなかった。おかげで日本人が所有する海外の鉱山はいまでもほとんどなく、海外の鉱石を買いとって輸入することがつづいている。彼はとても残念そうにそのことを書きとめている。

やがて彼はカナダに鉱業開発のコンサルティング会社をおこし、それとは別に宝石などをあつかう店も開いた。

梅棹がカナダで菊池との再会を果たしたのは、大文字の夜から二十三年後の一九七九（昭和五十四）年だった。この年、梅棹の二番目の坊ちゃんがカナダのバンフで結婚式を挙げ、梅棹夫妻はその帰り道、バンクーバーに立ち寄った。ホテルで何気なく邦字新聞を開くと、広告欄に「オーロラ」という店が載っていて、店主の名前は菊池徹とある。

「おや同じ名前だ」

半信半疑で見ていたが、別の新聞には、この店主は南極観測隊の元隊員だと紹介されていた。やはり「あの菊池さん」の店らしい。早速訪ねることにした。

そのくだりが『裏がえしの自伝』にはこう書かれている。

「オーロラ」はおおきい店だった。ミンクなどの高級毛皮と、宝石がいっぱいだった。一階で店員にきくと、社長は二階だという。二階も高級品にみちていた。菊池さんはショーケースのむこうにたっていた。

「梅棹です、京都の」

というと、かれはしばらく茫然とたっていたが、たちまち顔がくしゃくしゃになった。
その夜、わたしたちはヴァンクーヴァーの料亭で、かれにご馳走になった。

その場の状況が目に浮かぶ、とてもいい文章だ。

最後に私と彼との個人的な関係にも短くふれておきたい。以下は「菊池さん」と呼んで話をつづけよう。

私が彼と親しくさせいただくようになったのは、初めてお目にかかったはずの座談会の日から三十年後、一九九四（平成六）年である。その年、私は妻や学友の今村敬吉夫妻らとともにカナダに行き、菊池さんにご案内いただいて、カナディアンロッキーへのバスの旅を楽しんだ。バンクーバーをでてバンフ、カルガリー、そしカルガリーからは飛行機でバンクーバーに戻る六泊七日の旅だった。その間、壮大な景色や自然とともに、菊池さんの説明をたっぷり聞かせていただいた。

このときをきっかけに、菊池さんとは一時帰国される都度、ご一緒するようになった。たとえばある年には、西堀第一次越冬隊長の出身地、滋賀県潮東町（現東近江市）にある「探検の殿堂」を訪ね、零下二十五度の寒さをともに体験して震え上がったし、酒席で西堀さん作詞の「雪山讃歌」を肩をくんで歌ったこともあった。また連れ立って、国立民族学博物館に梅棹先生をお訪ねしたこともある。

その都度伝わってきたのは、がっしりとした体格から受ける印象とはややちがう、穏やかで鷹揚せまらないお人柄である。そのせいだろう。菊池さんと過ごすひとときは、いつも心がなごんでほのぼのとした。奥さんの恵さんからうかがった話では、菊池さんは奥さんにすぐに「ごめんね」と非を認めるひとで、おかげで喧嘩になったことは一度もなかったのだそうである。世のなかには、そういう夫婦もいるのである。

ところでここで話が突然飛ぶ。この一文を書いているさなか、妻が、

「こんなものがあった」

と一本のテープをもって来てくれた。聞くとラジオに出演している菊池さんの声が入っている。番組は毎日放送が一九九四（平成六）年十二月十六日に放送した「諸口あきらのイブニングレーダー」だ。そのごく一部を採録するとこんな具合だ。聞き手として水野晶子アナウンサーも加わっている。

（諸口）しかしこの菊池徹さんはね、私の大師匠やわ。これほど痛快に、やりとげてきたひとは珍しい……。

（水野）プロフィールをご紹介しようとおもっても、いろんなことをされていて、それだけで時間がなくなってしまいます（笑）。うんとはしょって短くいいますと、南極第一次越冬隊の隊員でいらっしゃいました。私、『南極物語』って映画を見ましたが……。

（菊池）ありがとうございます。

（水野）あの映画にタロとジロの犬ぞりがでてきますが、あれを担当していらっしゃったんですよね。

（菊池）ええ、犬ぞりを作って南極に持っていきました。

（水野）あの映画では菊池さんの役を高倉健さんが演じましたね。そしてあのものすごい体験をされた後、いまは……。

（菊池）南極から帰って八年後にカナダに渡って、そのままカナダに住んでいます。

（諸口）ひとつお聞きしたいのですが、あの映画の話をお聞きになったとき、どんな気分でした？

（菊池）映画を撮るという話を聞いて大喜びでした。普通だいたい、自分のことが、あんな大きな映画になるなんて、滅多にないことです。なるにしても普通は死んだ後ですよ（笑）。

（諸口）そりゃ、そうですね（笑）。

（菊池）ところが私の場合、まだ生きているのにやってくれるんですから、こんなに嬉しいことはありませんよね。ですから、全面、無条件協力です。

（諸口）そうでしょうね（笑）。で、できた映画をご覧になって……。

（菊池）ご覧になったんじゃなくて、一緒に作ったんですよ。北極に行って。監督さんは南極で作ろうっていったんですが、それはダメだ。北極で撮った方がいいっていったんです。

（諸口）はあ……。

（菊池）監督さんはとても良心的な方で、『南極物語』を北極で撮ることには、何か気持ちの上での抵抗があったんでしょう。私が、「いや同じですよ。南極でも北極でも。フィルムを裏返せば同じじゃありませんか」っていったんです。

（水野）は、は、は……（笑）。

（菊池）　すると監督さんも、「そうか」って。「それじゃ、北極で撮ろうか」ってことになって……。

（諸口）　なるほど。するとロケーションは、すべて北極ですか？

（菊池）　あの、実は、高倉健さんと監督さんと撮影技師の三人だけは、南極にも行きました。ですから南極でもごく一部撮りましたね。ですが大部分は北極で、残りを北海道で撮っています。

（諸口）　あれはいい映画でしたね。感動的でした。で、菊池さん、いまはバンクーバーに住んでおいでなのですね。カナダに住もうとおもわれたのは、何故ですか？

（菊池）　そりゃやっぱり、いいからですよ。

（水野）　何がいいんですか？

（菊池）　そう聞かれても困るんですがね（笑）。だいたい私、中学は大阪の北野中学（現北野高校）なんですが、大学は北海道大学に行ったんですよね。でもどうして北大に行ったのかと聞かれても困るんですよね。

（水野）　ふ、ふ、ふ……（笑）。

（菊池）　たとえば諸口さんはいま、ラジオの仕事をしておいでですね。でも何でラジオの仕事をしているのだと聞かれても……。

（諸口）困るんですよ（笑）。水野は三十数年ひとりだよな。何でひとりかって聞かれても困るよな。

（水野）これはいえない（笑）。いえば長い話になるんですよ。

（諸口）もう聞かない。結構です。聞くのがまちがっている。私が悪かった（笑）。ところで菊池さん、時々こうやって日本に帰ってこられるんですか。平均して一年に何回くらいですか？

（菊池）いま二回ですね。少なくても二回は帰っています。コトの起こりは、こうなんです。私はね、兄弟四人ですが、男ばかりなんです。それから小学校、中学校、高等学校、大学と、同級生は全部、男。仕事は鉱山開発で、相手は薄汚れたおじさんばかり。それから越冬したのは十一人、男ばっかり。犬も十九頭のうち一頭をのぞいてはみんな男。生まれた子供は息子だけで、娘はいない……。

（諸口）なるほど、なるほど。

（菊池）というので、僕は男社会でずっと生活をしてきたんですよ。それでね、六十歳になったとき、一寸損をしたような気持ちになって、女房に、「損したから、これからは女性ともつきあう」っていったら、女房がね、「うん、そろそろいいでしょ」(笑)っていってくれましてね……。

(諸口)何と立派なご夫婦。わかるかな、水野。

(水野)何て、すごい奥様なんでしょうね……。

(菊池)これ、異質の協力ですよ。

(水野)異質の協力？　何ですかそれ？

(菊池)相手を傷つけないで、おたがい、好きなことをするって約束です。

きりがないので、このあたりで終わりにするが、こんな感じの鼎談だった。話があっちに飛び、こっちに飛んでいるが、それもいかにも菊池さんらしくて面白い。でもその主がもういない。加えてお相手をした諸口あきらさんもごく最近亡くなった。諸口さんの声を最後に聞いたのは、ラジオの鼎談をこの本におさめることについてお願いをしたときのことである。お願いは手紙でしたのだが、ある夜家に帰ると「お役に立つならどうぞ」という諸口さんの声がわが家の留守番電話に入っていた。それから数ヵ月後、諸口さんの訃報に突然接した。ご冥福を祈りたい。

さて菊池さんに話を戻せば、菊池さんの享年は八十四歳。まあ、天寿といってもいいお年だろう。でもいまその年齢になっている私としては、もう少しあの茫洋とした話っぷりに接したかったし、ご一緒に北極のオーロラを見に行こうというお誘いにも乗りたかった。

オーロラといえば南極の昭和基地がすごいらしい。

『南極越冬記』にはそのさまが、「夜はすばらしいオーロラを見た。東北の空から西南にかけて、ほとんど全天に乱舞している。木星とともに、実に美しい。頭上うねりたくるドンチョウが風にゆれるがごとく。気味がわるくなる。恐ろしいようだ。何の音もしない静かな夜だが、何だか、ものすごい音をたてて動いているような錯覚におちいる」と記されている。

北極のオーロラは残念ながら、そこまでのすごさはないらしい。だが、

「それでも一度は見ておかなくっちゃつまらんですよ。南極と北極のオーロラは同じ日の同じ時刻にでるらしいですから」

菊池さんはそう断言し、熱い口調でこうも語った。

「北極の魅力は何といっても、広大な白一色の世界に、突如、湿原が広がり、花が咲いているところですね。僕はあの雄大さと繊細さが入り交ったところが大好きです。あなたにも一度見せてあげたい」

あの口調は、いまでも耳にはっきりと残っている。北極の天空いっぱいに多重に交差し乱舞して光り輝くオーロラは、確かに夢のように素晴らしい光景にちがいない。そのさまをせめて一度は菊池さんとご一緒に見たかったたし、その機会を逸したのが、実に残念だ。ひとつには、「寒そうだな」とひるむ私の気持ちもあったのだが。

奥さんからいただいた便りには、菊池さんの戒名は北極のオーロラにちなんで、「極光院暗誉瑞恵居士」と決めたとあった。

お便りには奥さんの和歌もそえられていた。

背の君は何も言わずに天国に　永久のねむり　いと安らかに
彼と共に暮らせし五十八年　苦労なし　今更のように彼に感謝す
わが想い何時も笑顔の背の君よ　姿もとめど　あの世の人ぞ

またしても、惜しい方が亡くなった。

高田宏と酒

大事な友人をまた亡くした。高田宏。八十三歳。六十五年におよぶつきあいだった。

彼と初めて出会ったのは、一九五一（昭和二十六）年の春、大学の身体検査のときだった。入学試験には合格していたが、身体検査で何か注文をつけられる恐れがあるかもしれない。私たちは一抹の不安をいだきながら列を作っていた。そのとき、私の前だったか後ろだったか、すぐ隣にいたのが彼だった。何となく喋りかけたのがきっかけで、長い友情は始まった。

だがそれも、二〇一五（平成二十七）年十一月、高田夫人からもたらされた一通の手紙で、突然ピリオドを打たされた。

「高田は十一月二十四日の朝、静かに息をひきとりました。十月に転倒、それを機に入院をして、肺ガンの末期であることが分かりました。すぐに酸素補給で日ごとに話が出来なくなり、こちらの言うことは分かるのですが、言葉で返事が出来ず、手で○と×を示すだけになりました。やがてホスピスに移り、手厚い看護を受けましたが、思ったより早く旅立ちました。辻さんだけにはお知らせをしようかと思いましたが、高田は×で、私も話せない高田、骨と皮になった高田とお会い頂いても仕方がないかもしれないと思い、お知らせしませんでした。何かまだ現実感がなく、目の前の片づけに圧倒されています。必要があって写真を整理していましたら、辻さん一家とアコちゃん一家で、八ヶ岳に来て下さったときの写真が出てきて、本当に懐かしく、しばらく見入っておりました。まだどこにも、お知らせしていません。いずれ落ちついてからと思っています」という意味のことが、悲しみを抑えた静かな口調で記されていた。

「アコちゃん」とは私の娘のことである。

慌ててお悔やみの手紙を書くと、高田夫人から大略、次のようなご返事をいただいた。

「あたたかいお文、ありがとうございました。新聞に死亡記事が載りましてからの三日間は忙しく、やっぱりお断りすればよかったと少々後悔をいたしました。でも思いがけない方からお便りを頂いたり、お電話を頂いたりして、これで良かったのかと思い直したりもしています。区役所への届けも済ませ、いまは一休止です。本当に辻家の皆さまには、深いおつきあいをして頂きました。お父さま、お母さまにも、いろいろの思い出があります。いずれ体調が良くなり自信がつきましたら、のんびりゆっくり一人旅を始めるつもりです。杖をつきながらの旅なので、どうなりますか分かりませんが、京都や奈良の仏さまにも、お会いしたいと思っております。そのときにでも、辻さんにお時間がおありでしたら、高田への悪口をチョッピリ聞いてもらいたい気持ちです」

そんな意味のことが書かれていて、訃報が新聞に載ってからの、忙しさがうかがえた。それにしても「高田の悪口」が聞けるとは嬉しくもある。いったいどんな悪口だろう。落ちこんだ気持ちをもてあましながらも、その一言で、私は少しワクワクした。

高田夫人がふれた父のことにも、一言説明を加えたい。

父は大酒飲みの新聞記者で、酒飲みの私の友人が家に遊びに来るのを歓迎した。若い日の高田は滅法酒が強く、学生時代には着流しでほとんど毎夜飲み屋に通っていたし、出版社の光文社に勤めてからは、新入社員でありながら、「酒飲み」として社内で鳴らした。会社の慰安旅行で、宴席に残った何十本もの徳利の残り酒をすべて飲み干して以来、皆からそう見られるようになったらしい。

ある夜私の仕事場まででかけて来て、有楽町界隈で一緒に飲んだとき、

「今日はデスクで仕事をしながら、ウイスキーのボトルを一本空けた」

と話すのを聞き、出版社ではそんな仕事の仕方をするのだとびっくりしたこともある。

しかも高田の酒はとても気持ちのいい酒だった。新潮社の『波』の二〇一六年一月号に、同社の元編集者が「酒品という言葉があるかどうかは知らないが、高田さんは酒品のいい人だった。静かに飲み、明るく語る」と書いて弔意を述べていたが、まさにそのような酒飲みだった。

だから高田が顔を見せると、父は、

「やあ高田君、よく来たね。まずは一杯飲まないか」

実に嬉しそうだった。

だがなかなかの曲者だった父が、ただ酒品がいいというだけで、高田をあんなに贔屓にしたとはおもえない。おそらくは高田の凜とした古武士のような趣と、勉強家であるところを気に入って、普段はあまり面倒見がいいとはいえないのに、高田のためとなると、就職先の紹介の労をとったり、結婚にあたっては仲人を引き受けたりもしたのだろう。

一方高田の方も、生涯うだつの上がらない新聞記者だった父を、それなりに慕ってくれて、父の没後、わざわざ奈良県まで夫婦連れで来て、墓参りをしてくれた。おまけにこのとき、「一周忌に間に合うよう追悼集を作ろうじゃないか」といいだした。一周忌まで半年あるかどうかの時期だったので、私は大慌てで作業にかかり、原稿がそろったところで上京し、どうまとめるか、高田家に泊まりこんで相談に乗ってもらったことを覚えている。彼は膨大な量の原稿をキビキビと読み、順番を決め、見出しをつけ、活字のポイントを指定して、「僕って編集者としてわりに有能だろ」と珍しく自慢した。そのさまは横で見ていると、流れるようで鮮やかだった。

そうして、できあがったのが、四四二ページの追悼集『花にあらしのたとえもあるぞ　辻平一の八十年』である。奥付には「辻一郎編　高田宏装」とあるが、高田の本作りが評判になり、たくさんのひとから欲しいと注文され、千二百部印刷したものの、たちまちなくなり、困ったことをおもいだす。ここには高田も短くだが、父の思い出を書いてくれた。

彼が書いた最初の本、大佛次郎賞などを受けた『言葉の海へ』を上梓して四年後のことである。

話をもう一度、学生時代に戻すと、当時は旅をするとなると、友人の家に頼ることが多く、高田からも「大聖寺のわが家に一度来ないか」と誘われることが重なった。

卒業式を数週間後に控えたころ、高田から貰ったこんな葉書が田舎の家に残っていた。

「相も変らぬ怠けぶり。お天道さまに恥かしい。陽のさ、ぬ北の国へ帰ります。暇があったら北陸路までおいで乞ふ。冬の日本海でも案内しよう。暮れかゝる海もちょっといい。」

（一九五五年二月二十五日）

だが私は、二月の半ばから三月半ばまでほぼ一ヵ月、風邪で寝こんでいて、誘いには応えられなかった。すると今度はこう書いてきた。

「珍しく明るい空。白山がとても綺麗だ。スキーどうした。出かけなかったようだな。日本海岸へも来るかなと、心待ちにしていたが、相も変らぬ計画倒れだな。明日京へ帰る。繁々と京へおいで乞ふ。」（三月八日）

この大聖寺訪問が実現したのは、大学を卒業し、社会人として初めて迎えた年末である。高田と一緒に東京から北陸に向かったが、あのころの年末年始の列車は大混雑で、通路を歩くことは到底叶わず、トイレへ行ったりお茶を買うにあたっては、窓からプラットホームに降りたことをおもいだす。

彼の郷里、大聖寺に着くと、夕暮れの日本海に案内され、土地に残る伝説を教えられた。夜の食卓では、ぐい飲みの盃をいっぱい入れたざるがでた。「どれでもいいから使ってくれ」というのである。しかもこのぐい飲みはすべて、殿様から拝領された古九谷だと、聞かされたような覚えもある。だが往時茫々。このあたりになると、あまり確かではない。

高田と最後に会ったのは、去年（二〇一五）の三月一日だ。

毎年私たちは、大学時代、とくに仲のよかった友人数人と、三月一日に京都で会うことに決めている。会場は祇園下河原の玉半だ。

この店の女将は、いわば高田の教え子である。ある年の夏休み、高田はアルバイトで予備校の教師のようなことを学内でした。教えたのは国語である。このときの生徒のひとりに、この女将がいた。高田が受験用の勉強をちっともしないので、男子の高校生が全員逃げだしたなか、女生徒は何人か残ったが、彼女はそのなかでもとりわけ熱心なひとりだった。

「おかげでうち、行きたい大学に入れまへんどした」

そういう意味のことを、彼女は一度、はんなりした京都弁でいったことがある。しかしその口調は当時を懐かしむ様子に満ちていて、恨みがましいところはまるでなかった。その年、高田が一夏かけて講じたのは、梶井基次郎論だったそうである。男子生徒が全員逃げだしたのは無理もないが、彼女には受験勉強とはほど遠いこの授業が、よほど印象深かったようである。いまでも高田を「先生」と呼ぶ。

その女将の店、玉半に集まるようになったのは、二十数年前、大学時代の友人数人が、立てつづけに亡くなったのがきっかけだった。

「生きている間に、できるだけ会いたいね。まずは毎年一回、日を決めて京都に集まらないか」

そういいだしたのも高田だった。

以来、玉半での楽しい集いはつづいてきた。ではあっても、六十代から七十代、八十代となるにつれて、何かと変化が現れた。あれほどの大酒飲みだった高田が、ビールしか飲めなくなったのもその一例だ。

おまけに去年の賀状で彼は、

「今年は京都に行けそうもありません。ほぼ引きこもり老人になっています」

と書いて、欠席を予告してきた。それを読んで私は電話をした。

「ひとりで無理なら、奥さん同伴でどうだ。君が来ないと、やっぱり寂しいよ」

「うん、それなら行けるかもしれないね。考えてみよう」

だが当日、来るには来てくれたものの、食事にはほとんど手をつけず、しばらくたつと座っているのも大儀のような様子になった。私は高田をタクシーで奥さんの待つホテルに送る途上、無理に来てもらった申し訳なさを噛みしめながら、

「来年はもう無理かもしれない」

と覚悟をした。しかし覚悟をするのと、それが現実になるのとは同じではない。

「高田は亡くなりましたが、今年も三月一日にはお集まりください」

例年のメンバーへの賀状にそう書きそえながら、彼がいない重さを受けとめた。彼は常々、

「できるだけ長生きをして、この先の世のなかが、どうなるかを見届けるのだ」

といっていた。その言葉通りではないのが悔しかった。

彼は医者が嫌いだった。だから誰が勧めても、歯科医以外の病院へは行こうとはしなかった。また煙草も最晩年までやめようとしなかった。

「うん、健康に悪くてもいいんだ。好きな煙草を吸って、それで死ぬのなら仕方がない。あきらめるよ」

そういって笑う彼の潔さを私は大好きだったが、それでもやはり医者にかかって、その指示に従ってほしかった。だがそれをいっても、聞いてくれる高田でないことは、百も承知だった。

高田はいまから三十年あまり前に上梓した『五十歳、いざ！』という本のなかで、

「松尾芭蕉は翁をつけて呼んだりするが五十年、夏目漱石四十九年、シェイクスピア五十二年、モリエール五十一年、ボードレールが四十六年、ヴェルレーヌ五十二年、魯迅で五十五年……」

と敬する先達たちが生を全うした年齢を羅列した上で、「漱石よりすでに一年余分に生きな

がら、私はいったい何をしてきたか。（そう思うと少し恥ずかしい）」と反省しつつも、自分がすでに「人生五十年」を迎えていることを多としている。そして「この先はおつりと思えば、心が軽い」と書いている。

そのおつりの余生で、彼は亡くなるまでに、実に七十数冊にのぼる本をだし、世に問うた。賞もとった。その意味ではよく生きたといえるだろうが、不満は残る。

ところでこの原稿を書いていて、十五年ほど前のある日のことを、ふとおもいだした。石毛直道さんから、

「小松（左京）さんと高田さんを呼んで、私の研究室で一緒に飲みませんか」

とお誘いを受けた日のことである。

「いいですね。すぐに高田には連絡をとってみます。そのメンバーでしたら、米山（俊直）先生もお呼びしていいのじゃありませんか」

私はそう答え、その宴は実現した。石毛家にはお酒はたっぷり過ぎるほどある。料理は近所の石毛先生お気に入りの店からとり、石毛夫人、小松夫人も交えて、楽しい夜を過ごさせていただいた。

小松さんは大学では一年先輩。学生時代、高田と一緒に、「ＡＲＵＫＵ」という同人誌を作っていた仲間である。話はあっちに飛び、こっちに飛び、大いに盛り上がった。

散会後、帰路は高田と米山先生が一緒だった。ところが米山先生はかなりのご酩酊で、ＪＲの茨木駅に上る階段で、ストンと腰くだけになったらしい。それを見て高田は先生を無理にタクシーに乗せ、自宅までお送りするよう運転手に頼みこんだ。

翌日お目にかかると米山さんは、

「高田君はひどいよ。たいして酔っていないのに、無理やりタクシーに乗せられてね。仕方なく京都の家までそのまま帰ったら、ずいぶん高いものにつきました」

とご不満だった。後刻それを高田に伝えると、

「でも米山さん、歩けないほど酔っているのに、ＪＲで帰るといって聞かないんだ。そんな心配なことできないからね、無理に乗っていただいたんだ」

そう返事をした。

そんなどうでもいいことをここに書くのは、米山俊直先生がその後間もなく逝かれたからである。次いで小松左京さん、今度は高田宏。あの日あんなに元気で、あんなに饒舌だった三人が、いずれももうこの世のひとではない。合点のいかない話である。

私が高田にまつわるエピソードを「高田宏の酒」と題して書き、『父の酒』という本のなかにおさめて出版したのは、その宴と同じころ、二〇〇一（平成十三）年のことである。今回これを書くにあたり、久々に読み直してみた。覚えていたよりかなり長い文章で、高田についての思い出は、ほぼ語りつくしている。だからこれ以上、彼について語るのはやめて、最後に一言書くにとどめよう。

森まゆみさんは二〇一六（平成二十八）年一月十一日の毎日新聞の「悼む」で、高田を「すゞやかな文人」と表現した。確かに彼はすゞやかで、穏やかで、優しい人物だった。だが同時に、好き嫌いが実にはっきりした男でもあった。結構短気なところもあり、気に入らない発言には、舌鋒鋭く噛みついた。しかし私との間では、そんなことは一度もなかった。何故だろう。かなり似通った価値観の持ち主だったのは確かだが、それでも意見を異にしたこともあったはずだ。それなのに彼との話は、何時も和んで楽しくはずんだ。

だからふたりがやがて完全にヒマになったら、一緒にゆっくり旅をして、だらしなく寝そべりながら、お喋りしたいと望んでいた。それは昔、彼の下宿で、映画雑誌などを眺めながら、女優論をたたかわせたのと同じ図柄であり、学生時代、一緒に奈良の社寺を見てまわったときと、同じ光景のはずだった。

そういえばあれは一九六二（昭和三十七）年ごろのことだ。高田が埼玉県朝霞の2DKのアパートに住んだとき、共通の友人の高木利貞と一緒に新居を訪ねたことがある。玄関の扉を開けると高田はすぐに、「高橋和巳が来ているが、会うか」と聞いた。高橋さんはわれわれより大学の一年先輩で、当時、学生の全共闘運動の教祖のような存在だった。彼も確か高田とは学生時代、同人誌の仲間だった。私は「いいや」と答え、高木も「いいや」と答えて上がりこんだ。おかげでこちらにはわれわれふたり。隣の部屋には高橋和巳がいて、高田ひとりが両方の部屋を行き来して大変だった。高田がまだ独身だったころである。

でも私もあのころよりは大人になった。一緒にいても、あのときのように困らすことはないだろう。

高田も同じようなことをおもったらしく、七、八年前、東北のある町に一緒に行かないかと誘ってくれたことがあった。彼はその町で開かれる文学賞の選考委員のひとりだが、その仕事は比較的短い時間ですむはずだから、その後、一緒に町の風情を楽しもうという誘いだった。

あいにくそのときは、こちらの都合がつかず見送ったが、八十歳を超えてヒマも少しできた。いまならそれも十分可能だ。

高田は『歩く旅風まかせ年まかせ』という本のあとがきで、「人並みよりすこしだけ放浪癖のある私は、時間の自由があるのをいいことに」、せっせと旅にでると書いている。

彼とその放浪の旅をしたのは、六十年以上も前、まだ学生のころである。長野県飯田の友人、田中住男の家を訪ねた帰り道では、飯田線の沿線を、気の向くままに途中下車して歩きまわった。おかげでふたりとも持ち金をすっかり使い果たし、名古屋駅に着いたときは京都駅まで夜行列車の急行に乗るお金がなく（京都までの乗車券は持っていたが、夜は急行列車しかなく、その急行券が買えなかった）、駅から電話をかけて助けを求めた友人が駆けつけてくれなければ、国鉄（現ＪＲ）の名古屋駅であやうく野宿の憂き目を見るところだった。

あんな旅をもう一度高田と一緒にしたかった。幸い、あのころほど貧乏ではない。日が暮れればそこで泊まって、とりとめなく喋る旅をいまならいくらでも楽しめる。そして最近読んだ本の話、映画や芝居の話、高田の好きな「雪恋」の話。相手の話は、聞いていても、聞かなくても構わない。そんなぼんやりとした時間を、一緒にもう一度過ごしたかった。だがそれは叶わない。

山田孝男の書くところでは、「超高齢者社会は死が身近な社会」であり、「死を受け入れて暮らす時代」なのだそうである。だからそれが当然なのかもしれないが、最近は友人の訃報が、心の準備ができていないのに、突然届くようになった。こんなに困ることはない。

第二章　ある時代

母の初恋

今年（二〇一三）の夏、母の妹にあたる叔母と、そのつれあいである叔父の法事があり、久々に母方の従兄弟、従妹たちと顔を合わせた。

母の初恋の話がでたのは、このときである。しかしその本題に入る前に、少し寄り道をする。

母の実家は『万葉集』で知られる三輪山のふもと、奈良県磯城郡三輪町、いまの桜井市三輪町にあり、呉服店を営んでいた。玄関がふたつ、離れがふたつもある広い家だが、いまは誰も住んでいない。

だが戦後の一時期、ここには二家族十数人が住んでいて、当時、中学生から高校生の年ごろだった私にとって、どこよりも訪ねて楽しい居心地のいい家だった。

母の父は私が高校二年のときに亡くなったが、母の母、つまり祖母はその後、七年も元気でいた。しかし一九五六（昭和三十一）年に亡くなると、家業を仕切っていた母の兄も追いかけるように翌年、あの世に逝き、その後この家は、未亡人になった母の兄嫁が、一手にとり仕切った。彼女は肝っ玉母さんのしっかり者で、母たちにとっては、とても頼もしい相談相手でもあった。

しかし商売の方はその肝っ玉母さんの手でもどうにもならないらしく、男手がなくなった店は急速に勢いを失い、義兄と弟とが一緒に経営する桜井の支店の方が賑わいを増していた。その背景には、近鉄電車で大阪と直結している隣町の桜井に三輪の町がおされがちで、さびれ始めていた事情もあった。

私が高校生だったころ、この三輪の家には、若い世代として息子三人と娘一人、合わせて四人の子供がいた。長兄はとても親切で面倒見のいい大学生。次兄は海軍兵学校在学中に終戦になり、旧制六高に進んでボートを漕いでいた。卒業すると「東大や京大のボート部は気に入らない。北大がいい」と北海道に遊学した。末弟は私と同じ高校生。一九五一（昭和二十六）年、ともにそろって同じ大学に入り、大学最後の一年は下宿までともにする仲になったが、当時はそんな未来が来るとは、想像もできずにいた。

そのころの私はどちらかといえば、年がもっとも離れている長兄と接することが多かった。発売禁止処分になったばかりの伊藤整訳の『チャタレイ夫人の恋人』を手に入れて読ませてくれたのも彼だったし、マイヤー・フェルスターの『アルト・ハイデルベルク』や中勘助の『銀の匙』を、「これは是非読んだ方がいい」と勧めてくれたのも彼だった。彼は大学では経済学を学んでいたが、文学青年気質を身にそなえたロマンチストで、私はそこにひかれていた。彼はやがて銀行員になる。

そして同じ家の別棟には、もう一家族、母の妹一家が住んでいた。詳しく事情を聞いたことはないが、おそらくは大阪大空襲の後、大阪にいるのが不安になって、母親の実家に戻ってきて世話になっていたのだろう。こちらには三人の幼い娘がいた。

つまりこの家には、従兄や従姉妹が七人もいた。こんなに魅力的な場所はほかにない。私にはほかにも何人かの従兄弟、従姉妹がいるが、どこよりもここを訪ねることが多かった。とくに高校三年の夏休みには、三輪の歯医者に週に三日も通っていたせいもあり、立ち寄ることが重なった。

そのころ私は奈良県山辺郡丹波市町、いまの天理市に住んでいた。丹波市は三輪よりも人口も多く、歯医者も多い。にもかかわらず、わざわざ三輪の歯医者に通ったのは、医者が母の知り合いだったせいもあるが、大学受験の勉強から少しでも逃げだしたいためでもあった。

私は中学二年の末までは優等生で過ごしたが、三年になったころから、突然授業にでるのが嫌いになった。不登校ではない。毎日学校へは行くのだが、授業をさぼり、学内で本を読んだりキャッチボールをして過ごしていた。

授業にでないのだから、成績は目に見えて悪くなる。中学三年のときの数学は、一学期が秀、二学期は良、学年成績は可になった。

にもかかわらず何とか卒業することができ、高校に進学できたのは、ひとつには入学したのが旧制中学で、よほどのことがなければ、自動的に高校に入学させてくれたからであり、もうひとつには、時折提出を求められたレポートの成績のおかげだった。

たとえば中学三年のときは「東宝争議」や「恋愛論」をテーマに原稿用紙百枚近いレポートを書き、先生をびっくりさせた。このレポート癖は高校へ進んでからもつづき、高校三年の一学期には、何日もかけ「ギリシャ哲学と原子爆弾」と題するレポートを書いて提出した。いま読めば、おそらく引用だらけの幼い作文だったにちがいないが、提出先の世界史の先生には大好評で、感激のあまり教員室中見せてまわり、私のクラス担任にも披露した。私のクラス担任は英語の先生である。先生は怒って、私の母を学校に呼びだした。

「あんなものを長い時間かけて書いているヒマがあったら、その時間で英語の単語をひとつでも覚えるよう、一郎君に注意してください」

母はそういって叱られたと帰ってきた。

世界史の授業にはレポート提出後、ずっと欠席をつづけていた。だからある日、でると、「テンサイは忘れたころに来る」と先生にからかわれた。愚かな私は、そんな自分の学校生活に満足し、自分がしている振る舞いは、恰好がいいと信じていた。

だが大学受験が近づくと、それでは通用しなくなる。学力がないのに改めて気づき、何とかせねばと気持ちがあせった。しかしどの教科書も三年分、ほとんど開いたことがないのだから、どこから手をつければいいのかわからない。夏休みをフルに活用して、遅れを何とか挽回するしかないとまではわかっていても、すべきことが多過ぎて計画が立てられず、空まわり気味だった。

それだけに夏休みに家にいると、重圧が身にこたえた。だからそこから逃げだしたくなり、三輪の歯医者にせっせと通った。丹波市から三輪までは国鉄、いまのＪＲで四駅だ。一時間に一本くらいの不便なダイヤだったが、乗ってしまえば十数分。三輪に行けば、すでに書いたように、従兄たちに会いたくなる。よく訪ねた。

私の高校三年当時といえば一九五〇（昭和二十五）年である。戦後五年がたって敗戦後の最悪の時期は脱していたが、それでもまだ食料難の真っ只中だ。甥が来れば、時には食事の用意

っ肝、にのいないがちにたっだとこな変大もてとはれそ、ばえもおてしにまい。るなにも必要

玉母さんの叔母は、そんな素振りは一切見せず、いつもニコニコと迎えてくれた。
問題の大学受験は、その後どうなったか。本題からますますはずれるが、それについてもふれておこう。

私が高校一年の冬、父は東京に転勤し、それにともない母も東京に住んだ。その住居から東京大学の駒場までなら、歩いて行ける。だから私が高校三年になったとき、母は「東大に入ってほしい」といいだした。子供の実力も知らずに、親とは勝手なことをいうものだ。バカなことに、私もそのつもりでいた。前年の東大の試験問題を読み、この程度ならいけそうだとおもったからだ。

冬が来ると、私は東大と京大に願書をだすことにし、京大にはその願書を持参した。行った日、京都は雪景色で、京大の構内は、煉瓦造りの校舎が積もった雪に映えていて見事だった。私はこのとき初めて、この大学で学びたいと心底おもった。とんでもないミーハーだが、本当のことだから仕方がない。加えてここには興味深いエッセイを書く、憧れの先生が何人もいた。それに東大では、自宅から通うことになり下宿ができない。だが京都では初めてのひとり住まいを体験できるのも魅力だった。

その日から受験日までは、もうあまり残っていなかったが、集中的に勉強した。しかし決定的に時間が足りない。

世界史で受験するのに、教科書を五分の一ほど読んだところで時間切れになったのは、何よりもつらかった。にもかかわらず入試で何とか出題に答えることができたのは、幸運もあったが、ステファン・ツヴァイクなどの書く史伝を、かなりたくさん読んでいたせいもあったろうか。このように何もかも準備不足のなかで、唯一自信が持てたのは、古文も含めた国文法だ。これだけは受験間際に、半日かけて母の友人に教わり完璧だった。でも入試が終わると、あっという間にすべて忘れた。一夜漬けで覚えたものは、忘れるのもきわめて早い。

二日間の試験が終わって数日後、ともに受験した三輪の末弟と、試験のできをつきあわせた。数学がとくに面白い問題だったが、これはまずまずできている。社会、国語、理科もまずまずだ。しかし英語はダメ。たとえば直訳すれば「フライパンから火のなかへ」という英文を「諺に直せ」という問題がでた。正解は「一難去ってまた一難」だ。私は「飛んで火にいる夏の虫」と回答し、数ヵ月後のことだが、受験雑誌の『螢雪時代』に、珍答案の見本として紹介された。こんな初歩の設問にも答えられなかったのだから、後はおして知るべしだ。英語だけは付け焼き刃の勉強では、どうにもならない。

彼と話し合ってわかったのは、ふたりはどうやら同じ程度のできらしいということだった。それなら結果は明らかだ。

「残念ながら、ふたりともダメだね」

そう結論をだし、私は早稲田大学の仏文を受けに、両親の住む東京に向かった。彼は信州大学を受験するとの話だった。きっと松本の町や北アルプスに憧れていたのだろう。

私の目指す早稲田の仏文は、この年、何故か八十倍を超えるとんでもない倍率だった。しかも困ったことに、ここでは比較的得意とする数学と理科の試験がない。英語、国語、社会の三科目だけである。にもかかわらず、何故かめでたく合格し、そのまま東京にとどまって、京大の発表は見に行くつもりもなく過ごしていた。

そんな最中、三輪の彼から連絡があった。

「発表を見に行ったら、通っていた。同じようなできだったから、きっと一郎さんも通っている。確かめた方がいい」

彼の予言はあたり、私たちは学部こそちがえ、ふたりそろって、同じ年、同じ大学に入学した。

さて夏休みの三輪に話を戻せば、夏祭の夜には、三輪に住むもうひとりの叔母の娘、ゆかた

姿のまだ幼い従妹たちと手をつないで、町を歩いた楽しい思い出もある。三人はとても可愛く、彼女らの父親からは、

「両手に花だね」

とからかわれた。しかし花というには、残念ながら、長女が小学生では幼すぎた。

今年の夏行われた法事は、この叔父と叔母を偲ぶものだった。従兄弟、従妹たちとの久々の顔合わせで話ははずみ、法事が終わってからも、何となく別れがたい気分だった。だから、

「久しぶりだし、もう少し喋ろうか」

と近所の喫茶店に入ることになったのは、当然の流れといえた。

話はあちらに飛び、こちらに飛んだ。肝っ玉母さんだった叔母、ロマンチストだった三輪の長兄、可愛かった三人姉妹の末娘など、早く逝ったひとたちの話が次々にでたあげく、私の母、フミも話題になった。

母は一九〇九（明治四十二）年の生まれ。もしまだ生きていれば百三歳になっているところだが、数年前、百歳を少し過ぎたところでこの世を去った。

聞いていると私の知らない話も次々にでた。なかでもおどろいたのは、母の初恋話である。

「亡くなる何年か前に、初恋の思い出を聞いたことがある」

突然、そういいだされて、私はびっくり仰天した。

「えっ、まさか」

「いや、本当だよ」

彼はつづけた。

「〝私にも初恋のころがあった〟と、一郎さんのお母さんがいうんだね。冗談だろうとおもって、〝その相手は誰ですか〟と面白半分に聞いてみたら、〝森本六爾さんです〟って答えてくれた。どうやら本当のことらしかった」

「ひゃー、あのフミさんが……」

座は一挙に盛り上がったが、私は残念ながら森本六爾をよく知らない。多分、それを察してのことだろう。その場にいた従妹のつれあいが、

「森本六爾ってひとは、なかなか偉いひとです。学歴は中学卒ですが、考古学に新しい光をあてた学者です。それまでの考古学は、発掘した遺物を測定して、形や文様を分類し、時代を探ればよいとしていました。しかし森本六爾は、そうした考古学のあり方に異をとなえ、遺物の背景にある人間の生活にまで考察を広げるべきだと主張しました。でも彼の意見は退けられ、三十二歳の若さで、失意のうちに亡くなりました。彼をテーマに、松本清張が『断碑』という

短編を書いています」

そう説明してくれた。彼は現代史を専門とする学者である。実にキチンとした説明だった。

それを聞きつつ私は、数年前のある日をおもいだしていた。

その日私は母のお供で、桜井で呉服屋を営む叔父の家を訪ねた。やがてその叔父が、人物像を描いた一枚の画用紙を持ちだしてきた。軽いタッチのスケッチである。

「これ誰かわかりますか。森本六爾。大阪の博物館が、森本六爾展を開くので、何かありませんかと聞きに来たので、〝こんなものならありますよ〟といったら、貸してほしいというんだね。これ、僕が小学生のときに描いた絵ですよ。それを捨てずに残していたら、使ってもらえることになって……」

この叔父を母は大好きだった。母には兄弟姉妹が七人いたが、その誰よりも、二歳下のこの弟を贔屓にしていた。頭がいいだけでなく、手先が器用で、絵もうまい。この日の会話で、絵は小学生のころからうまかったのだと、よくわかった。

ついでに書けば、母はこの叔父とは正反対で、天才的といえるほど不器用だった。絵も工作も裁縫も掃除も、おどろくほど早く仕上げたが、そのできはいつもかなりひどかった。おそらくそんなことに貴重な時間を使うなんて、「もったいない」と考えていたのだろう。だから老境に入った母が整理した写真のアルバムは、右にまがり左にかたむき、間隔も目茶苦茶で乱雑だ。でもそんなことには無頓着で、貼れていればいいと考えるひとだった。叔父はその点、まるで逆だ。おかげで余計、ふたりは仲がよかったところもあるのだろう。その日も、

「あらそうね、確かに似ている。よく描けてる」

母は嬉しそうに返事をした。

あのときは、弟の絵の上手さに満足しての笑顔だとおもっていたが、モデルが「初恋のひと」だったのなら、その姿に久しぶりに会えた喜びも、少しは交じっていたのだろうか。

このころ母は九十代の末近く、叔父も九十代の半ばを迎えていた。


年譜によれば、森本六爾は、一九〇三（明治三十六）年、母より六年早く、隣村の織田村大字大泉で生まれている。そして一九二〇（大正九）年、畝傍中学（現畝傍高校）を卒業すると、地元三輪の小学校で代用教員の職についた。十七歳。月俸は

母の弟、金井儀助が小学校四年生当時に描いた代用教員時代の森本六爾。一九二〇（大正九）年、六爾一七歳。

二十円だった。

そのころ母は十一歳。三輪小学校の六年生である。先生にひそかに憧れ、初恋のひととおもいさだめたとしても可笑しくない。六爾は一九二四(大正十三)年、母が高等女学校在学中に、自分の書いた考古学の調査研究が学界で高く評価されたことから、小学校の教員を退職し二十一歳で上京した。狭い田舎のことである。かつての先生の上京は、母も誰かから聞かされ、耳にしていたにちがいない。

上京後の六爾の足跡を年譜でたどると、彼は東京帝室博物館に職をえたいと望んだものの、これは叶わず、考古学者である博物館歴史課長の好意的なあっせんで、東京高等師範学校(現筑波大学)の歴史教室に、学校長の副手として採用された。月俸は中学卒ということで、二十一円にとめおかれた。

だが六爾は、仕事を紹介してもらって感謝しなければならないところ、博物館に採用されなかったのを恨み、この歴史課長が発表した論文を、仲間うちで容赦なく批判した。その批判は正鵠を得ていたが、やがて当人の耳に入って激怒を招いた。正鵠を得ていただけに、事態は深刻ともいえた。彼は自分が編纂していた『考古学論叢』から、六爾を閉めだした。

六爾は調査研究の発表を、これまでこの研究誌を舞台に行ってきた。一九二二(大正十一)

年、十九歳のころ、すでに論文を寄稿して掲載されている。これはそれほど若いころから、六爾が見事な研究成果を挙げていたことの何よりの証左だが、それとともに、彼が学界から注目されることができたのは、一重にこの研究誌のおかげだった。だからそこからの追放は、自らの存在自体を否定されたのと同じであり、自業自得の結果とはいえ、つらく苦しいことだった。

六爾は何としてでも『考古学論叢』に代わる研究発表の場が欲しかった。やがて彼は、自分のまわりに集まってきた若い学究をまとめ、『考古学界』という機関誌をだすことにした。そしてここを拠点に、『考古学論叢』に掲載されている論文を、片っ端から俎上に載せ、鋭く批判し嘲笑した。

松本清張の表現をそのまま借りれば、

「さあ、叩いてやるぞ。出てこい、出てこい、と彼は仁王立ちにかまえているようであった。」

一九二八（昭和三）年、二十五歳の六爾は、研究会で知り合った浅川ミツギと、両家の強い反対をおしきって結婚した。仲人はフィールドワークを基礎とする人類学者として、前人未踏の足跡を残した鳥居熊蔵夫妻が務めている。鳥居は小学校中退でありながら五十歳を過ぎて東大助教授になり、国学院大学、上智大学、中国の燕京大学（現北京大学）の教授などになった人物だ。だから中学卒の六爾に強い親近感をいだくところもあったのだろう。

結婚してわかったことだが、妻の収入は六爾をはるかにしのいでいた。彼女は虎の門の東京女学館の教師としての七十円に加え、二件の家庭教師を引き受けていて、月収は百円に達していた。当時、彼女の勤める女学館は、学習院に次いで、良家の子女を集めていた。収入が多かったのはそのせいである。

だが甘い新婚生活を間もなく襲ったのは、おもいがけない知らせだった。六爾に僅かな収入をもたらしていた東京高等師範学校の校長が、脳溢血で亡くなったのだ。よき理解者を失った六爾は、以後、無収入になり、研究費や機関誌に要する費用まで含め、すべてを妻の収入でまかなわねばならないことになってしまった。

このときの六爾の心境を、『断碑』はこう記している。

「卓治（六爾）はシズエ（ミツギ）の収入で暮らすことが耐えがたかった。心に、卑屈感が膜のように暗鬱におおった。彼の心は苛立ち、日常少しのことでシズエ（ミツギ）に当たった。」

このころミツギは実家の両親に宛てた手紙で、「主人の心は針のようにとげとげしくなっています。学問以外に何もしない人ですから、生活のための仕事を探そうともしないし、私もさせたくありません。夫婦喧嘩が多くなりました」と書いている。

六爾の生活上の焦燥感は、学問上の闘争心を一層燃え立たせ、そのあげく浮上したのが、留

学へのおもいだった。『断碑』によれば、彼はある日、突然、妻に、

「フランスへ行きたい」

と告げたことになっている。妻はてっきり冗談だと受けとめた。だが六爾はつづけて、こういった。

「僕は中学校しかでていないので、バカにされるのだ。いまさら学歴が欲しいとはいわない。でもフランスに行って箔をつけたい。」

六爾の洋行中、ミツギはパリでの生活費として、毎月百三十円を送金した。そのために家庭教師の口を五つも持ち、朝早くから夜遅くまで働いた。やがてその過労が、彼女の身体を蝕むことになる。

ところで余談だが六爾はそうして赴いたパリで、作家の林芙美子と知り合っている。芙美子は六爾のことを日記にこう記した。

一月七日（木曜日　ｊｅｕｄｉ）
とても朝早く森本氏来訪。何の事だと思うたら昨夜のろけを云って済まないと云ふ事だった。馬鹿〳〵しい。男と云うものは、ましてエトランゼのせいか、少々ぬけてもゐる。私

が好きで仕用がないと云う事だ。へえ！　こんなやぶれた女がね。
一月八日（金曜日　vendredi）
朝森本氏来訪ます〳〵不快だ。
また森本氏来訪。此男とは絶交する必要がある。本当はいゝひとなのだらうが、学者には
どうも、精神的ケッカン者が多い。
一月十二日（火曜日　mardi）
森本氏来る。不快だ。
一月二十六日（火曜日　mardi）
日本へかへる森本氏、ロンドンへ寄ったと云ってたづねてくれる。此人にも巴里では色々の感情もあったが、結局深切な人でもあった。
一月二十九日（金曜　vendredi）
森本氏が今日船でたつとの事だった。
やれ〳〵だ。まるで蛇みたいにくね〳〵した男だ。好かぬところだ。
林芙美子はおそらく作家の鋭い目で、経済的に妻に依存して学問に専念している男のずるさ

を、嗅ぎとっていたにちがいない。「好かぬ」とした一因は、きっとそこにもあったのだろう。だがそれでいて、彼女は乗船した六爾に、

「もう船中に落ちつかれた事とぞんじます。船のぐあいは如何ですか。去るとなるとヨーロッパもなつかしい事でありませう。私は相変ず爐の傍で呆んやりとしております。后前中に煙草を六本も吸って煙の行方だけを見てゐます。（略）山下氏から招待もありましたが、どうも煙との対話の方がよさそうです。御手紙二通来てゐましたから、同封ゐたします。御健在で御航海を祈り上げます。渋谷氏にもよろしく。いずれ日本でおめにかゝれますでせう」

と書き送っている。届いた手紙を転送する必要があったからとはいえ、好かぬ男への手紙に何故こう書くのか。このあたりは理解できない。

六爾の一年間にわたるパリ留学は、結局何の成果ももたらさなかった。そのことを松本清張は『断碑』のなかで、こう断じている。

「木村卓治（森本六爾）の一年の滞仏は空虚であった。知った者はそれをわらった。／初めからそれはわかっているという者があった。（略）多くの者は例のハッタリだと言い、巴里には小便をしに行ったのだろうとあざけった。」

だがハッタリ屋の一面もあったにせよ、六爾はまちがいなく純粋で努力家の学徒だった。素

晴らしい直感力と分析力に恵まれていて、優れた成果を次々に挙げ、考古学の現状にもの申した。しかしそれと同時に、自己顕示欲がきわめて強く、傲慢でもあった。これは大学をでていないことによるコンプレックスのためでもあった。世話になった学界の先輩たちに非礼を重ね、悪態をつき、おかげで「思い上がった自称天才」と悪罵され、不遇のまま若い生涯を終えることになる。

『断碑』には、こういう記述もある。

「昭和八年からの彼の発表した研究題目は弥生式関係がほとんど主となる。（略）／その或るものには当時の原始社会にすでに貧富の差と階級の存在していたことを証明した。或るものには文化の移動形態を論じた。／何かと競争しているような奔《はし》りようであった。何かと——迫ってくる死を予感して追いたてられているのであろうか。」

清張はこうも書いている。

「今になって、木村卓治（森本六爾）を考古学の鬼才とし、彼が生きておれば今の考古学はもっと前進しているだろうとは学者の誰もが言う。／しかし木村卓治（森本六爾）が満身創痍で死んだと同じように、これらの人々も卓治（六爾）のための被害者であった。」

六爾の妻ミツギが、過労から病をえて亡くなったのは、一九三五（昭和十）年十一月である。

そしてその二ヵ月後の一九三六（昭和十一）年一月、追いかけるようにして六爾も鎌倉で息を引きとった。まだ三十二歳という若さだった。考古学者で後に京都帝国大学総長になる浜田青陵はこのときの追悼文に、「誠に一家を挙げて斯の学に殉じた」と記している。

このころ母は結婚して東京にいた。だがおそらく「初恋のひと」六爾の死を知ることはなかったろう。そしてここで余談を加えれば、父はこのころ、六爾がパリで出会って嫌われた林芙美子と、作家と編集者のつきあいを重ねていた。父の著書『文芸記者三十年』には、それを示す記述がある。昭和初期という時代のいわば証言でもあり、少し長いが引用しよう。こんなことを書いている。

昭和十一年の夏、私は頸の手術をした。と書くといかにも大げさだが、頸のうしろの部分に、こぶというか、はれものができた。なかには豆腐カスのようなものがつまっているだけで、ほっておいてもさしつかえないということだったが、カラーがすれて痛くて仕方ない。日本橋の病院できりとってもらった。入院するほどの手術ではなかったが、場所が頸であり、お医者さんが手術中に、

「あっ、しまった」

と何度も連発するので、非常に気味の悪い気持だった。そのあとしばらくのあいだ繃帯を巻いていた。暑い最中に、頸に繃帯を巻いているのだから、これは人目にたったにちがいない。会う人ごとに、どうしたのだ、と聞かれた。

ところが、翌年のこと、寒いころだった。社へ森田たまさんがたずねてきた。応接室でしばらく話していたが、森田さんが、私のネクタイをじろじろ見ながら、

「ネクタイピンはしてないのね」

と、ナゾのような微笑をうかべた。何のことか私にはわからなかった。私はネクタイピンのようなハイカラなものは、今日までしたことがない。

「お芙美さんにもらわなかったの」

と、ますますわからぬことを聞いた。どうしてそんなことをいうのです、と聞くと、今月の「改造」の林芙美子の小説を読んでないのか、というのである。まだ読んでなかった。雑誌が街頭へ出ていなかった。作家や寄稿家には、街頭に出る前に送られていたので、森田さんは読んでいたが、私は見ていなかった。

「早く読んでごらんなさい」

と、ナゾの微笑を残したまま帰ってしまった。森田さんは当時、中野区の橋場町に住んで

いて、橋場放送局とわれわれ仲間がいっていたほど、いろんな文壇のゴシップを知っていた。私は早速「改造」をさがして、林芙美子の「行雁」を読んだ。なるほどここには、頸に綳帯をした人物が書かれてあった。その一節を抜き書きすると、

或日、夕方から、重子は旅ゆきのものをととのへに銀座へ買物に出て行った。買物を済まして、丸善へシャガールの伝記を探しに行ってみたが、入口で新聞記者のGと云ふ男に逢った。一年に一度か二度ぐらいしか逢はない男であったが、重子はこのGには非常にいい印象を持ってゐた。頸にはれ物が出来て手術したのだとか云って、暑いむしむしする日なのに、頸に綳帯を巻いてゐた。

「どこへ行らっしやるの？」

「社のかへり、ぶらついてゐるところです……」

「さう……暑いですねえ、どこかへいらっした？」

「とても忙《せ》はしくて、そんな閑なんかありませんよ……」

重子は丸善で本を買うあいだGにつきあってもらって、二人で風月へ冷たいものを飲みに行った。別に話すこともなかったが、重子は愉しい気持だった。風月を出ても乗物に乗るで

もなく、Gと二人で銀座の方へゆっくり歩いて行った。月夜だが暑い晩だった。Gは上着をぬいでY襯衣で歩いてゐた。

「頸をそんなにしてゐらっしゃると暑いでせう?」

「えゝ、早く繃帯をとりたいものです」

重子は小説のやうなものを書いて、金にかへてゐるいまの生活が不思議なわびしさだった。

「貧乏してもねえ……」

「えゝ?」

「いいえ、元気を出してゐなくっちゃと云ふのよ……」

「あなたは何時も元気さうじゃありませんか……」

「さうかしら……」

銀座も歩いてしまって、二人は何時か日比谷の方へ出てゐた。重子はあんまり歩いたので草疲れてしまったが、何も云はないで歩いてくれてゐる男の気持が嘘ではないかと信じられない程愉しかった。重子は一寸立ちどまって、Gに荷物を持って貰い、頸へさがった髪をかきつけながら、荷物を持ってくれてゐる男を見ると、何故ともなく涙がにじんで来た。

それから二人は、国民新聞の裏の小さなテンプラ屋で夕飯を食べて別れる。「天麩羅屋を出るとGは、おゝ暑かったと云って、重子の小さな扇子で胸をあふぎながら歩いた」となっている。なるほど、Gなる新聞記者は、私によく似ている。頸に繃帯をしているころ、林さんにテンプラをごちそうになったこともある。そのときふたりは、しばらく夜の町も歩いた。しかしこれは小説で、あくまでも創作である。作品中の重子がGに非常にいい印象をもっていたり、重子はたのしい気持だった、と書いているが、それが必ずしもGイコール私、というわけのものではない。

この重子は、夫の信太郎に会いに、朝鮮から満州へゆく。奉天で重子は信太郎と宝石店へ、みやげものを買いにはいる。

奥の陳列棚の中に、色の鮮やかな豆粒ほどの翡翠のネクタイピンが並んでいた。それがちらと重子の目にとまり、重子はGの顔を不図思い出したが、そのまま信太郎と外へ出てしまった。

「行雁」には、こういう描写があった。ここから森田さんのネクタイピンのせんぎになったらしい。しかしネクタイピンは林さんからもらわなかったのは事実だし、そのことがわかると、橋場放送局からはデマ放送は出なかったようである。

その後、林さんにあったとき、

「森田さんは、ネクタイピンをもらったの、と聞いていましたよ」

というと、

「そう、私はね、ある編集者にあったら、その人、私にもテンプラをごちそうしてください、といったわよ」

と、笑っていた。


以上が父の著書からの引用だ。非常識なほど長くなったがお許し願いたい。父と林芙美子の関係は、桐野夏生の『ナニカアル』でも描かれている。芙美子の恋人役でなく、恋人の上司としてである。

さて私は、この父については、これまで何度か書いてきた。だが母については、ほとんどふれたことがない。今回は母の話をつづけて書こう。

六爾が東京で東京高等師範学校に助手として奉職し、二十一円の月俸をえるようになったころ、母は奈良県の桜井高等女学校を卒業し、大阪府女子専門学校の国文科に入学した。後の大阪女子大学、いまの大阪府立大学である。

母は自分の出身校が大阪府立大学と合併することが決まったとき、まだ生きていて、

「あんな学校と一緒にされるなんて、とんでもない」

と腹を立てた。

母にとっての大阪府女専は、それだけのプライドを持つ学校らしかった。

泉耿子が『大阪春秋』九十五号に書くところによれば、この学校は、一九二四（大正十三）年、大阪市住吉区在住の山田市郎兵衛が、大阪府に土地二千坪と二十五万円を寄付して創設された。そのことを紹介した上で彼女は、「大阪は元々、市民の浄財で学校が創設されてきた土地柄であったが、実利主義の大阪に『教養を高めることによって女性の文化の向上を』という開学の趣旨は大阪人にとっても驚きであったようだ」と記している。当時、学校は、大阪市の南、阪堺電軌上町線の帝塚山三丁目から万代池の方に歩いて、五分ほどのところにあった。

入学した当初、母は学校に自宅から汽車で通うことにした。それを見て、家業をすでに母の兄に譲り、隠居していた母の父は、

「娘ひとりを汽車に乗せるわけにはいかない」

と、自分も定期を買い、片道二時間の通学に往きも帰りも同行した。これはたちまち学校中に知れ渡り噂になった。だが一ヵ月後、学校の寮の一室が空いた。一年先輩が病気になり、郷里に帰って療養することになったのだ。母はその空いた部屋に入り、寮生活が始まった。

寮は二階建て。三人部屋二室と二人部屋二室の小さなもので、総員十人の世界だった。それだけに学年を越えて、寮生は皆仲良くなった。このとき病気で寮をでた一年先輩は古川丁未子といい、後に谷崎潤一郎の二番目の奥さんになる。古川は一年後、元気になって寮に戻り、卒業するまで母と寝食をともにした。

期待通り、学生生活は楽しかった。まだ開設三年目の学校には、講師陣に万葉学の澤瀉久孝をはじめとする優秀な新進気鋭の学者を集めていて、学生たちの向学心を大いに満たしてくれた。母は「能狂言（記）に現れた下克上の時代世相」で卒業論文を書き、一九三〇（昭和五）年、卒業した。

この間、母が家から受けていた仕送りは、月々二十円である。同時期の六爾の月俸と、ほぼ同額であることが、何の関係もないことながら、少し気にならないでもない。

卒業後は、京都の堀川高等女学校（現堀川高校）の教諭になることが決まっていた。しかし、「学校の先生になったのでは婚期が遅れる」

と母親から反対され、

「でも家に帰ってこられても、婚期遅れのようでみっともない」

といわれ、運送屋をしていた大阪の親戚に、寮で使っていた布団を持参し身をおいた。そして命じられるまま、琴を習い、近所のお針屋に通って裁縫の修業をした。

親から命じられたとはいえ、それに従ったのは母の選択である。一緒に卒業した同級生のなかには、メディアの仕事についた者もたくさんいた。たとえば山下滋子は朝日新聞の女性記者になったし、松沢知恵はＮＨＫの女子アナになった。日本放送協会がだした『20世紀放送史』によれば、松沢は一九三二（昭和七）年、久々の女性アナとして入局し、六年後、教養部に移ったとある。また母が寮に入るきっかけを作ってくれた古川丁未子は、谷崎潤一郎の世話で、まずは関西中央新聞に、ついで文藝春秋に入社した。

だが母には家の反対までおしきって、仕事に生きようとする気持ちはなく、唯々諾々と花嫁修業にいそしんだ。こういうところが母の生涯には、通奏低音のように流れている。

父との見合い話が起きたのは、こうした日々の最中である。相手は奈良県丹波市町で呉服屋を営む家の長男だった。おそらく「どちらも呉服屋だから、よかろう」と、持ちこまれた縁談だったのだろう。おまけにどちらも店を、奈良から長谷寺に向かう街道筋で開いている。だから釣り合いのとれた良縁と、まわりには見えたにちがいない。しかも男の方は家業を継ぐのではなく、毎日新聞の記者である。「あの娘には商売人の嫁よりも、そちらの方が向いている」、母の両親はきっとそう考えたにちがいない。

だがこの話に母は悩んだ。当時は見合いは形式で、いったん相手と会ってしまえば、女性の方から断るのは無礼とされた。でも渡された釣り書きと写真では、相手の顔や学歴、家の格や家族構成はわかるにしても、肝心の本人の性格や考え方まではわからない。

あげく母は、卒業した大阪府女専の平林校長に相談した。見合いの相手は、大阪外国語専門学校（現大阪大学）の出身である。平林先生は女専で校長をするかたわら、数年前までそちらでも講師をしていた。だから見合い相手を、ひょっとすれば知っているかもしれないとおもったらしい。

その直後、まったく偶然、見合い相手が平林校長のもとを、取材で訪れたというのだから、世の中は面白い。取材のテーマは、「最近の若いインテリ女性の理想の結婚相手は、どんな男性か」だった。これを伝えると、

「君、そんな取材をしているときじゃないぞ。君自身の見合い話がでているのを知らないのかね」

からかわれる羽目になった。

こうなれば話はとんとん拍子だ。一九三二（昭和七）年三月、ふたりはめでたく結婚式を挙げ、幸せな新婚生活が待っているはずだった。

ところが初めての給料日、母はおどろいた。月給九十円と聞かされていたのに、渡された月給袋には、飲み屋のツケを払った残りの四十五円しか入っていない。ここから家賃の二十円を払うと、残るのは二十五円だ。女専時代に家から仕送りを受けていたのとほぼ同額だ。やがて洋服屋もツケを払ってくれと訪ねてきた。

このとき母は近所の質屋に行く決断をした。

「あのときほど情けないおもいをしたことはなかった。質屋の暖簾をくぐると考えただけで、ポロポロ涙がでてくるのよ」

実家の隣が質屋で、夕暮れ時、客がこっそり肩を落として店に入っていく様子を、子供のころから見つけていただけに、情けなさがひとしおのった。

だがこの話を、母はどこか嬉しそうに聞かせてくれた。当時二十二歳の母にとって、恥ずかしいこと、情けないこと、すべてひっくるめて初めての体験であり、それだけに新鮮で刺激的な冒険だったのかもしれない。それにどんなに情けない体験も、半世紀以上も過ぎてしまえば、懐かしい思い出になってしまうということでもあるのだろう。

父の給料は翌一九三三（昭和八）年には二十円上がって、百十円になった。もう質屋の暖簾をくぐる必要はなくなったはずだが、おそらくは新婚当時の学習の成果だろう。この後も父が社からどんどん借金をして、それをすべて飲み代にあてていたのに対し、母はせっせと貯金にはげんだ。

戦前、戦中、新聞社は社員の求めに応じ、かなり気軽に金を貸していたらしい。だから「借金王」を名乗り、借金の多さを自慢にする記者がたくさんいた。父もその仲間だった。この借金は退職時に、退職金と相殺される。だから本来なら、父の退職金はゼロかマイナスになるはずだった。しかし戦後のインフレで貨幣価値は何百分の一にも下落し、三十年にわたって借りたものが、簡単に返せる額になった。逆に母の貯金は、ほぼ無価値になった。

だから父は、

「そらみろ、俺の方が正しかっただろ。貯金なんてつまらんことをするから、君はひどい目にあうんだ」

そういって威張っていた。でも母はまるで動じずニコニコと聞き、変わらず貯金にはげんでいた。

父は母をいつも「お前」と呼んだ。だが機嫌のいいときや、論争するときには「君」と呼んだ。

「君は漱石のあの作品を読んだというが、いったい何度読んだんだ。僕は少なくても三回は読んでいる」

「あら、私だって……」

真夜中にそんな話題で、いい争っているのを、聞いたこともある。

父が逝ったのは、一九八一（昭和五十六）年、八十歳になったばかりの夏だった。

「あと一年、長生きしてくれれば、来年は金婚式だったのに……」

母はそういって悔しがった。

「あなただけさっさと逝って、ずるいじゃないの」

と泣きもした。

だが不思議なことに、めそめそしていたのは一年間で、それを過ぎると、母はいきいきと自由闊達に振る舞った。好きな文楽を見たり、正倉院展などに通って楽しんだ。だが自分が受けた教育を社会活動に生かすことはほとんどなかった。何故だろう。生かせていれば、もう少し異なる内面世界が広がっていたかもしれないのに、そうは決してならなかった。

ここまで書いてきて、ふとおもいだしたことがある。『ガルガンチュワとパンタグリュエル物語』の翻訳者として学生時代から私の憧れのひとだった渡辺一夫が、東大を定年退官し立教大学でフランス文学を講じていたころのことだ。彼は立教に移って、女子学生が多いことにおどろいた。

「しかもとても綺麗な学生さんが多くてね。まるで花園にいるようで、実に楽しい毎日です。でもそうおもえるようになったのは最近で、ここに来てしばらくは、彼女たちにフランス文学を教えてどうなるんだ、彼女たちの人生に何をもたらすのかと、考えこんだものでした」

そんな意味のことをもらされたのを覚えている。

渡辺の話によれば、彼女たちは学者になるつもりもなさそうだし、翻訳家になるつもりもないらしい。一生懸命勉強させて、いったい何の意味があるのか、そう考えて途方にくれたそうだ。だがある日、〈彼女たちがお婆さんになったとき、孫をあやしながら、おとぎ話の代わりに、サルトルを語ったとすれば、それもいいな〉とおもった途端、突然気が楽になったのだということだった。彼はそう話してにっこり笑った。

だがこれは考えると、なかなか恐ろしい発言である。大学教授が自分の教え子について、こんな発言をしたとわかったら、いまなら、〈女性蔑視〉〈女性差別〉と糾弾される恐れがある。でも当時は、暉峻康隆の「女子学生亡国論」が、まだまかり通っていた時代だった。〈セクハラ〉という言葉さえまだなかった。こんな発言も問題にはならなかった。

この話の通り、母は渡辺一夫のいうサルトルの代わりに、幼稚園児だった私にはアンドレ・モロアの童話を、小学校二年の私には子供向けの『古事記』を読んで聞かせてくれた。

そのことを小学生のころ私は、綴り方に書いたらしい。それをおもいださせてくれたのは、小学校時代の同級生で、筑摩書房に勤めていた橋本靖雄だ。ある日、彼が書いたエッセイを送ってくれた。読むと「小学生のとき友人の綴り方に、母親から古事記を読んでもらっていることが書かれていて、カルチャーショックをうけた」と記されていた。

また母は終戦直後の一時期、父の唆しに乗って、万葉時代を舞台にする小説を書こうと企てていたこともある。しかしものにはならなかった。

母が学んだ教育が生かされたのは、それくらいでしかなく、ややせっかちで粗忽者だった母は、その点も含め親戚の皆に愛されつつ、生涯、糟糠の妻と平凡な母親を演じつづけた。困ったことに母のそのＤＮＡは私も立派に受け継いでいて、しばしば粗忽ぶりを発揮する。おまけに母は粗忽さを反省することなく、謙虚なように見せかけながら、その実どこか、自信満々のところがあった。

一方、父は、生涯、わがまま放題に生き抜いた。自他ともに認める大酒飲みで、死の前日に

は、もう床から起きられない容態だったにもかかわらず、病人が薬を飲むときに使う吸い口で大瓶のビールを一本飲み、

「ああ、うまい。夏はやはりビールに限る」

といったそうだ。

いまわのきわでもそうなのだから、元気だったころといえば、帰宅は毎晩、午前二時を過ぎていた。

大学生だった私が、夏休みで東京の家に久々に戻ったときも、午前二時ごろ、玄関口でガチャガチャと音がした。やがてこっそり父が家に入ってくる。寝ている家人を起こすまいとの配慮らしい。そして、

「おい、お母さんはもう寝たかい」

顔を合わせると、必ずそう聞いた。そんな夜が連日つづいた。

父が亡くなったとき、かつての社の同人、村田芳郎から、

「昭和二十年代のなかば、十数名しかいなかった当時の『サンデー毎日』編集部員の中でも、有楽町、銀座で飲んだ後を、さらに渋谷に流れる数名のグループが出来ました。これに『渋タニ村住民』『渋タニ会』と命名されたのは辻編集長御自身で、『村』は、当時の渋谷は、銀座な

どに比べればかなり泥臭い、（そこへ毎晩のように通うなんて）という〝照れ〟ゆえかと、一同想像していました。渋ヤをとくに渋タニと曲げられたのも同じ照れからでしょうか。それでも、皆よく飲みました。たしか、深夜に、村民揃って、代田のアパートのお宅に推参したことも、一両度に止まらなかったと存じます。一つには戦前の大阪が中心であった頃からの、サンデー編集の優雅な（そして些かは陽気に遊び好きな）伝統を体得しておられたのが、辻さんと、他の部の編集長に転出しておられた柄沢広之さんのお二人だけだった。そこに、戦後派の若手連中は惹かれたのでしょう。」

と記した手紙をいただいた。

まさにその通り、父は社の仲間と一緒ではないときも、連日、有楽町や銀座界隈で飲んでいた。しかしこれはいつも適度に切り上げ、午前零時ごろには、家のすぐ近くまで帰ってきているらしかった。そして「ここまでくればもう安心。あとは歩いて帰れる」とした上で、馴染みのおでん屋か赤提灯に腰を落ちつけ、もう一度飲み直すことにしているようだった。

そんな乱暴な生活をしていて、身体を壊さないはずがない。案の定、定年の数年前に病気になった。老人性結核である。

そんな父を見ていた母は、私がまだ小学生だったころから、

「お父さんのような酒飲みになるんじゃないよ。お前のお嫁さんに、苦労をかけることになるから……」

そういいつづけた。大学生になっても、その言葉は変わらなかった。あれはいわば呪文だった。私が父のような飲み助にならなかったのは、きっとそのせいだろう。

私は「お嫁さんに苦労をかけることになるから」と母がいうのは、「私が苦労したように」の意と解し、父の酒がイヤだったのだろうと察していた。ところが父が亡くなって十年ほどたったころ、

「オヤジの酒はどうだった？」

と聞いてみると、意外なことに、

「そうね、新婚のころからお酒のせいで、毎晩、午前様で困ったわね。でも〝飲んでいればご機嫌〟のいいお酒だった。とくに晩年は、手酌で静かに飲んでいて、世話のやけない楽しい雰囲気のお酒だった……」

そういって、懐かしむような眼差しをした。これには少しおどろいた。別に恨んではいなかったと知り、ホッとした。

父が逝った直後の一年間ほど、母は父をおもうたくさんの歌を詠んだ。

吐血して身うちすきしや大瓶のビールを飲みぬ死の前日に
安らかな往生なりと僧は云ふ云ひのこすなく夫は逝きしが
書きたくばあの世にてみな遂ぐべしとめがねと紙とペンを納めぬ
秋の夜の酒酌む夫の今は亡く遺影に菊と枝豆を置く
夫の骨は秋深みゆく山の辺の道に沿ひたる寺に納めぬ
湯上がりに足袋をはくさへ気だるげに居たるを見つつ手を貸さざりし
散り狂ふ落葉と今のむなしさと押し払ひゆく奈良公園を
若き日の我に寄せしもまじりゐて夫の文がら夜半に読み耽ける

しかし一年もたつと母は、海音寺潮五郎から「町一番の」と冷やかされた自宅の茶室でお茶を嗜み、和歌を作ったりしてのびのび生きた。和歌では確か奈良県知事賞を受け、『昭和万葉集』にも採録された記憶がある。またご近所の友人たちとのお喋りを楽しみ、独り身を満喫した。そして、

「お父さんがいなくなって、すっかり解放されたわね。気楽なものよ。もっと早くこうなりたかった」

などと呟いた。私ははじめはこれを、息子に余計な心配をかけないための強がりと受けとめていたが、やがて心の底からの声のようにおもえるようになり、最後まで本当のところはわからなかった。

老いてからも母は、自分の生家でもないのに、江戸末期、文化三（一八〇六）年に建てられた父の遺した家を大事に守った。屋根の瓦を替えると数百万円、表の白壁を塗り替えると数百万円、樋を直すと数百万円と、まるで金食い虫のような家なのだが、それが生き甲斐のように、家の維持と修理にあたった。

百歳の誕生日を迎えたのは、二〇〇八（平成二十）年十月である。この日のお祝いには天理市長も駆けつけて、祝辞を述べた。母が満面の笑みを浮かべ、市長とツーショットで写った写真は、いまでも田舎の家に残っている。

さて最後に、母の最晩年にもふれておこう。

母は百歳を超えても、大腿骨骨折で入院するまでは、あまりボケることなく、しっかりしていた。もっともそれは、いまでは珍しいことではないらしい。俳人の金原まさ子さんの近著『あら、もう102歳』を読むと、「年をとればとるほど、書くものが自由になっていくように思います。」とある。老いの概念は、いまと昔では、全然ちがう。

ただそれでも母の場合、亡くなる直前には、かつての気丈さを失い、

「早く仕事を辞めてほしい。この家で早く一緒に暮らそうよ」

と私に迫るようになっていた。だが私は長らく、その期待に応えられずにいた。いつまでたってもゼミの学生をかかえ、大学を辞められなかったのが最大の理由だが、それに加え、天理に住んだのでは、友人とのつきあいをつづけることができなくなり、つまらないと考えたからでもあった。だから長く言を左右にして、その求めに応じずにいた。

でもそれも限度になり、ある冬の夜、

「今年の三月いっぱいで大学は辞めることにした。でも遊びの予定がいっぱい入ってるから、そうそう一緒には住めないけどね」

と母に告げた。母はさほど嬉しそうな顔もせず、

「そう。よかった」

と呟いた。そのときは「でもきっとそうならないわね」、内心そう考えているような口ぶりだったが、一時間ほどたつと改めて「嬉しいわ」といいだした。それまで何度も頭のなかで、私の話を反芻していたような気配だった。

コトが起こったのは、その夜である。それは私の目の前、数十センチと離れていない自宅の畳の上で突然起きた。母はやぐら炬燵からでて、歩きだそうとした途端、ストンと尻餅をつき、「痛い！」とうめいた。畳のへりに足の先をひっかけて転んだらしかった。

「大丈夫？　病院に行こうか」

慌てて聞くと、

「しばらく様子を見てから……」

そう答えた。だが痛みは一晩つづき、翌朝、救急車で病院に運ぶ羽目になった。最初に救急車が連れて行ってくれた病院は、患者が百歳と知った瞬間から、慎重な口ぶりになった。

「これは大腿骨の骨折です。骨折はたまたま転んで起きましたが、骨がずいぶん脆くなっていますので、骨が折れて転んでも可笑しくないところでした。これを治癒するには手術しかありませんが、成功させられる自信はありません。どうしてもといわれるのなら、転院してもらうしかありませんね」

転院先の病院では、私の中学時代からの友人が院長をしていて、私の顔を見るなり宣言した。

「手術するかしないかは主治医に任せるつもりだが、僕は百歳を超えての手術には反対だ。やめた方がいい」

「でも手術をしなければ、オフクロはもう歩けない。つまり寝たっきりになる。それは可哀相だ」

「百歳だよ。無理をするな。生命があぶない」

ところが主治医の意見は少しちがった。

「そうですか、院長はそういいましたか。でもお母さんはお元気だし、手術に耐えられるような気がします。諦めてしまうことはないでしょう。もう少し様子を見て決めましょう」

私は一縷の望みをいだいて、手術の予定日を待った。担当医の意見が変ったのは、その当日の朝だった。

「○○の数値が悪いのです。残念ですがやめましょう。手術の最中に急変する恐れがあります」

あげく母は歩けないままベッドに閉じこめられることになり、退院して施設に入り、一ヵ月ほどたったころから急速に老化した。無惨な変わりようだった。目に見えてボケが進んだ。そして、

「ここをでて家に帰ろうよ」

私の顔を見ては、何度もいった。

「骨が折れて歩けないから、ダメなんだよ」

「骨なんて折れてないよ。歩けるよ」

母はそう主張した。骨折した事実が、どうしても飲みこめずにいるらしかった。

そんな状態になってからおよそ二ヵ月後、母は私が看取るなか、静かに旅立った。二〇〇九(平成二十一)年四月二十九日の早朝だった。


母は甥や姪、つまり私の従兄弟や従妹を愛していた。だから、

「私のお葬式は、あなた方だけでしてほしい。ほかのひとは呼ばないで……」

亡くなる数年前から、そういっていた。

自分の初恋を語ったのも、多分同じこころだろう。ご機嫌うかがいに来た彼らを見て、ふっと心が和み、口をすべらせたにちがいない。

フミさんの初恋話で盛り上がっていた座が、少し静かになったとき、横でだまって聞いていた別の従兄が、

「僕には、〃お父さんと結婚してよかった〃といってたな」

とぽつんといった。

「え、本当？」

びっくりしたような声をだしたのは、私の妹だ。彼女は母から父の悪口を散々聞かされていたらしい。だからおどろいたのだろう。だが不思議なことに、母は私には父の悪口をいうことは滅多になかった。この差はいったい何だろう。娘には内心を打ちあけやすかったということだろうか。

このことひとつからもわかるように、母は複雑ではないが、そう単純でもないひとだった。心優しいお人好しでありながら、これはおそらく、父との生活で身につけたのだろう。鋭い批評眼の持ち主で、気に入らない相手に対しては、口ではともかく、気持ちのなかでは冷たくあしらうところもあった。

また他人に対して、赤が好き、白が好き、黒が好きと、自分の好みをはっきり主張するというよりも、どの色も、それぞれの理由をもとに、「好き」といってみせるひとでもあった。つまり何通りもの顔を持ち合わせていて、その多様な考え方を矛盾なく、同時に内在させているひとだった。

だからといってその場を読んで、言葉を変えていたわけではない。中心軸はいつも頑固なほど動かさず、やや原理主義的で、狭量に感じられたほどだった。つまりそれだけ純粋で、真面目だった。だから適当に妥協するような姿勢はほとんどとらなかったが、それでいて究極的には、変幻自在なところもあり、そのことが母をややわかりにくく見せていた。

私はそうした多面性や狭量さも含め、母のありようが好きだった。老いて少し愚痴っぽくなったのには閉口したが、それでもひとりの女性として尊敬していた。

だがこれは私の見方である。妹の母を見る目は少しちがっていて、きびしい意見を聞かされることもよくあった。どちらが正しいかはわからない。

母の長命は嬉しいことであるものの、困ることも時折あった。晩年の十年ほどは、

「長い旅行はしないでね。一週間を限度にしてね。何時何があるか、わからないんだから」

と息子を脅かした。

それにはおおよそ応えたつもりだったが、でもいまとなっては、こうすればよかった、ああすればと、おもうところは少なくない。とくに最晩年の母については、悔いは山のようにある。

だがそれをいっても、詮ない話だ。

いまはただ懐かしむしか、彼女と交わるすべはない。

学生のころ

ある日、家をしばらく留守にして帰宅すると、友人の高田宏からFAXが入っていた。

「残念なお知らせです。高木君が九月十五日夜、逝去しました。安らかな大往生だったそうです」

FAXにはつづいて、お通夜や葬儀の日どり、斎場などが記されていた。

高木君とは高木利貞。大学時代の同級生だ。高田からの知らせを読みながら、一緒に学んでいたころや、卒業後の思い出などが一挙にワッと湧き上がり、収拾のつかない気分になった。そこにはいま考えれば阿呆らしいとしかいいようがない、愚かで思慮のない行動もいっぱい詰まっているが、それはそれで懐かしい。

その一部を今回は記すことにする。六十年ほど前の昔話が大半だが、恥ずかしいことを承知であえて書き綴るのは、これも私の自分史の一部だからである。

高木と初めて出会ったのは、一九五一（昭和二十六）年の春。戦後わずか六年、ひとびとはおしなべて貧しくひもじく、街で食事をするにあたっては、米の配給を受ける代わりに支給される外食券を、持参しなければならない時代だった。

その年、私たちは京都大学文学部に入学した。大学生になったばかりの私たちは、世間からようやく一人前の扱いを受けるようになって、嬉しかったし、少し気負ってもいた。

こんな体験もした。

ある日、国鉄（現ＪＲ）京都駅で煙草を吸っていると、警官が来た。学生証を見せろという。大学に入ったばかりの私は十八歳、未成年だ。当然のこと、お咎めを受けるだろうと覚悟した。しかし警官は学生証を確認しただけで、何もいわなかった。つまり大学生は煙草を吸っても許されるらしかった。このときが、「大学生って、いいものだな」と実感した最初である。

当時の京大では、新入生は吉田でなく、宇治にある分校に入れられた。分校は黄檗宗の総本山、萬福寺にほど近いのどかな田園地帯にあり、私たちの教室は、戦時中、軍の火薬庫がおかれていた雑木林のなかに点在していた。残念ながらアカデミックなたたずまいとはほど遠いコンクリート造りの無骨な建物で、あたり一帯は、学校というよりは、弁当持参で家族連れでピクニックをするのに相応しい土地におもえた。

「ここには狸や狢も住んでいるそうだ」

そんな話も耳にしたが、いわれてみると、なるほど狸や狢がいても、ちっとも可笑しくない風情だった。分校には研究室もないようで、先生たちは授業の都度、大学が運行しているバスで、吉田から通ってきているらしかった。

そのころ私は奈良県山辺郡丹波市町（現天理市）の自宅から国鉄、いまのＪＲで大学に通っていて、午前中の授業だけに出席し、午後はさっさと家に帰ることに決めていた。入学してすぐのころは五限目のロシア語の授業まで受け、この勉強を一年つづければ、どれほど学力がつくのか、自分でもそら恐ろしくおもえ、それも悪くないなと考えていた。しかし一限目の授業に間に合うためには、朝六時半に家をでる必要がある。二週間たったところで授業を聞くのは午前中の二コマだけにし、午後の授業にでるのはやめることに方針を転換した。

高校時代、学校には毎日行くものの、授業にはちっとも出席しなかった私にとって、大学で久々に聞く講義はたまらなく面白かった。なかでも伊吹武彦の「フランス文学における人間像」は実に興味深い授業だった。中世の吟遊詩人の時代から、ラブレイ、モンテーニュ、パスカル、モリエール、バルザック、マラルメ、ベルクソン、アラン、プルースト、ヴァレリー、モーリヤック、サルトル、カミュにいたるまで、毎回、エピソードをふんだんに交えた一回完結の話である。ここで私はフランスの文化や歴史、フランス社会のあれこれを教わった。毎週、次が待ちきれない気分だった。

ピカソを中心に現代絵画を論じた上野照夫の講義も、いまでも印象深く残っている。この上野先生は奨学金を申請したときの面接官だった。私が家が貧乏で奨学金を貰わなくては困るのだと説明すると、先生は最後まで黙って聞いていたあげく、ニコッと笑って、「僕は君のお父さんをよく存じ上げているのですよ」とさりげなく語り、私は赤面した。

数学者の小堀憲の場合はこうだった。彼は最初の授業に顔をだすと、

「世のお母さん方のなかには、子供に足し算を教えるとき、子供が一＋六の答えをすぐにだせないでいると、〝それじゃ六＋一はどうなの〟と聞くひとがいます。そして子供が七と答えると、〝そうでしょ、だから一＋六も同じじゃない。答えは七よ〟なんて教えています。こういう教え方はまちがいです。そう教えるにあたっては、まずA＋B＝B＋Aであることを証明しなければなりません。その証明抜きで足し算だけを教えるので、子供が数学を好きにならないのです。とんでもない話です。ではその証明はどうするのか。数学的帰納法を使います」

そういった上で、すぐに証明にとりかかった。しかし授業時間の終わりが来ても数式はまだ

完結せず、

「A＋B＝B＋Aであることの証明は、こんなにも難しいのです。それをないがしろにするからダメなのです。文科系の君たちも、数学的な思考法をキチンと身につける訓練をしてください。この一年、それを目標に授業します」

と宣言した。その間、教室の学生たちは、黒板いっぱいに記された数式を呆然と眺めていた。先生たちはいずれも、「大学とは強い個性を持つ教師が学生と対峙する場」であることを示してくれた。校舎はたとえようもないほどオンボロだったが、先生方はそれぞれに個を発揮し、学問の片鱗を垣間見せ、楽しませてくれた。高木と知り合ったのは、そうした学生生活のなかである。

入学したばかりのころ、京都や大阪の高校出身の学生は、同じ高校の顔見知り同士で仲良くしていた。少なくてもハタ目にはそう見えた。だからそうでない私たちは、自ずと地方出身の仲間同士で群れることが多くなった。当時仲のよかった連中の顔ぶれを振り返ると、京都出身がひとりいたほかは、北海道、長野、石川、奈良、岡山、広島、山口、徳島、香川、愛媛の出身者たちである。もっとも当時は、そんなことに気づいていない。そうとわかったのは、ずっと後になってからである。なお入学式で私たちは、「今年は全国すべての都道府県から入学しました」と聞かされていた。

高木は徳島県の日和佐高校の出身だが、彼と親しくなった直接のきっかけが何だったかは、いまとなってはおもいだせない。ともあれ気づくといつの間にか、打ちとけて話す間柄になっていて、よく喋った。やがて彼の家庭事情も聞かされた。

彼のお父上は京大でフランス文学を学んだ研究者だった。一九二八（昭和三）年の卒業生だから、桑原武夫と同級生、生島遼一の一年先輩。卒業後は陸軍士官学校だったか海軍経理学校だったか、軍関係の学校のフランス語の教員をされていたらしいが、若くして亡くなり、高木は母ひとりに育てられたとのことだった。

そのお父上のDNAのせいだろう。彼は入学したときから、フランス文学を専攻すると決めていた。その点は私も同じで、だから話が合うところもあったのだろう。もっとも当時はフランス文学が大流行で、私たちのまわりで仏文に進んだ仲間には、高木のほかにも高田宏、尾崎和郎、畑中圭一、山崎信二などがいた。

高田は卒業後、光文社に入社。編集者としてのノウハウを身につけた後、エッソ・スタンダード石油の広報誌『エナジー』に転じ、「広報誌の革新者」（塩沢実信）といわれた。そして五十歳になったところで『言葉の海へ』を書いて大佛次郎賞を受け、作家の道を歩むことになる。尾崎は研究者の道を選び、ジャン・ドレの『ジイドの青春』などを翻訳したほか、『若きジャーナリスト　エミール・ゾラ』などを上梓して話題を呼んだ。

それにしても当時のフランス文学ばやりは、やや常軌を逸していた。

作家の志賀直哉が一九四六（昭和二十一）年、雑誌『改造』に発表したエッセイで、「日本語は不完全で不便である。そのため文化の進展を阻害している。だから日本語は廃止し、世界でもっとも洗練されたフランス語を日本の国語に採用してはどうか」という意味の発言をして物議をかもしてから、まだ五年あまりしかたっていない。そうしたフランスやフランス語への異常ともいえる憧憬のせいだろうか。京大の仏文の学生は、大学院生まで含めると百人近くに達し、昭和初期に誕生したこの学科がこれまでに生みだした全卒業生よりも、在学生の方がはるかに多いという奇妙な事態を招いていた。

私たちが入学した一九五一（昭和二十六）年といえば、サンフランシスコ講和条約が結ばれた年である。敗戦、占領、そして独立。この体験のなかで、志賀直哉のような例もあるにせよ、多くの大人たちは、アメリカに屈折した親近感をいだいていた。そのことは、マッカーサー元帥が占領軍総司令官を解任され、帰国することになったとき、「マッカーサー神社を造ろう」

との声が、澎湃として湧き上がったことからも読みとれる。

だが私たち学生は、そうした大人たちへの嫌悪感や違和感もあり、アメリカをあまり好きになれずにいた。しかし同じ戦勝国でもフランスはやや遠い存在で、それだけに素直に憧れることができたのだろう。だからたとえばフランス映画は必見で、古いものにいたるまで次々に見て楽しんでは、胸を焦がしたりしていたものだ。

だがそうではあっても、周囲にいた友人全員が、仏文を目指していたわけではむろんない。川端善明、田中住男、丸西美千男、山口堯らは国文に進み、今村重光は中文、宇高克宏は東洋史、池田徹太郎、清水芳次は心理学を学んでいた。そして仏文の尾崎を含むここで名前を挙げたなかの五人が、やがて京大などさまざまの大学で先生になった。留学を目前にして急死した池田や、失恋が挫折に結びついた山崎なども含めると、研究者になって当然だった人物は、さらに増える。当時の就職難のなかで、学者にでもならざるをえない事情が多少はあったにせよ、私たちの仲間には、結構、真面目で勉強好きの秀才が多かったということだろう。

それに学者にはならなかった高木も、一回生当時は、毎日英語の本を二百ページ読むことを自らに課していたし、今村は二回生になってから卒業寸前まで、夜十時から翌朝五時、つまり市電の始発が走るまで、勉強するのを日課にしていた。だから昼前に下宿を訪ねるとまだ寝ていて、非常識呼ばわりされたものだ。

ところで高木といえばおもいだすのは、試験の答案を書くスピードが滅法早いという妙な癖である。私などが問題をようやく読み終え、どう書こうかと考え始めたころ、いつも机と椅子ががたがた鳴り、彼は答案を提出した。どの試験でもそうだった。おそらく頭の回転と見きわめがとても早かったのだろう。

これは脅威だったし、そのための被害者もでた。寝坊をした今村が十分ほど遅れて試験場に駆けつけると、すでに高木が答案を提出し退出した後だったため、入れてもらえない悲劇も生まれた。

「ひどいよ。たった十分遅れただけだぜ」

憤然としていた今村の表情がいまでも目の奥に残っている。

「いや申し訳ない。君が遅れてくるとはおもってもいなかった」

高木はすぐに謝ったが、その後も答案を早くだす癖は直らなかった。

だがこのころの仲間も、数えると高木も含め、十三人のなかの七人がすでに亡くなっている。

何とも寂しいことだ。

二回生になると学ぶ場は宇治から吉田に移った。

吉田での最初の授業は、これからの単位のとり方の説明だった。文学部では二回生から専門課程に移ることになる。説明にあたったのは、中国文学者の吉川幸次郎だ。見ると彼は、時計を腕の内側につけていた。女性が腕時計をするときの一般的なスタイルだが、男がこうするのは珍しい。彼は目を時折その時計に落しながら、専門課程に移ってからの学び方を語り始めた。

そのときやや遅れて教室に来た高木が、うしろの席から、私の背中をつついていった。

「君は法学部だ。掲示板にそう貼りだされてる。ここにいるようなときじゃないぞ」

聞いて私はすぐにおもいあたった。

私はすぐに文学部の事務室に飛びこみ、「一回生の学期末に提出した転学部願いは、いたずらです。本気でだしたのではありません。とり消してください」と頼みこんだ。しかし返事はつれなかった。

「本学は一回だけ転学部を認める制度をとっています。もう一度、文学部に戻るというのは、二度学部を変わることになりますから認められません」

考えるまでもなく、これはそうであって当然だ。いたずらで事務を煩雑にされたのではたまるまい。

私はこうして法学部の学生になった。転学部した仲間はほかにも何人かいた。たとえば弁護士をしている谷五佐夫だ。彼らは法律を学びたいと学部を転じた。私の場合は少々ちがった。そのいきさつを少し説明しよう。一回生の学期末のある日、丸西と話をしていて、高校時代いかに勉強しなかったかの自慢比べになった。あげく丸西は、「だから、今年の文学部入学生の成績のどんじりは、俺に決まっている」と胸をはった。若いころはつまらないことを自慢しあうものだ。そういわれて私も黙ってはいられない。「いやいや、僕だって勉強しなかったことでは人後に落ちない。成績がよかったはずがない」といい、どうすれば入学時の点数がわかるだろうかの話になった。

事務室へ聞きに行っても、教えてくれるはずはない。やがてその場にいた誰かが、転学部の願書をだしたらどうだといいだした。あの年は多分、法学部の入学最低点が一番高かったのだろう。法学部への転学部願いをだし受理されれば、少なくとも法学部の最低点よりも高い成績で入学したことが判明し、自慢比べから脱落する。

「面白いね。やってみよう」

そして私がトライした。転学部を希望する理由には「何となく」と書き、この行為がいたずらであることをほのめかせた。願書は受理され、その時点で目的は達し、そのまま忘れてしまった。あんないい加減な理由で、転学部が認められるはずがないと、タカをくくっているところもあった。

だがいま考えると、転学部の願いをだした潜在心理のどこかに、私のフランス語のできの悪さがあったようにおもえなくもない。

話は少し遡るが、一回生の夏休みが終わって大学に戻ってきた九月のことだ。久々に顔を合わせた尾崎がいった。

「フランス語って、意外にやさしいね。モーパッサンはもちろんだが、ジッドだってすらすら読める。もう少し難しいものを読まないと」

聞いていた誰かもあいづちを打った。

これには私はびっくりした。私も夏休み、それなりにフランス語の勉強をした。しかしすらすら読めるとはいかなかった。こんなに差がついたのでは、フランス文学を専攻しても大変だぞと感じたのだ。だからあの転学部願いには、そんな私のおもいが、多少は交じっていたのだろう。もっともこれも、いまだから気づくことだ。

それにしても当時の大学の事務室には、とても気軽な雰囲気があり、それに甘えてさまざまな届けをだした。たとえば私は授業料分割願いをだし、年間三千六百円の授業料を、毎月三百円にしてもらった。別にそうしなければならない事情はなかったのだが、面白がってだしてみたら通ったのだ。同じ年に一緒に入学した私の従兄の金井克至にいたっては、授業料免除願いをだして一年間免除された。金井の家はわが家よりも裕福であるにもかかわらず、だ。要するに私たちは、いたずら好きでおっちょこちょいの悪ガキだった。

ところで、

「モーパッサンもジッドもやさしい」

と語った尾崎は希望通り仏文に進んだが、在学中に病気になって休学し、二年遅れで卒業した。おかげで久しく会うことがなかったが、昭和四十年代半ばのある日、私が出社のため電車に乗ろうと小田急線成城学園駅のホームに行く階段を下りていると、電車を降りて階段を上って来る尾崎とばったり出会った。

「やあ」

お互いに声をかけ、十数年ぶりの偶然の出会いを喜んだ。聞くと彼は成城大学のフランス文学の先生をしているのだという。

当時私は「20世紀の映像」という番組のプロデューサーだった。ちょうどそのころ担当者のひとりが岸恵子のご主人、映画監督のイヴ・シャンピとのインタビューを取材して帰国していて、その翻訳に迫られていた。第二次世界大戦の末期、フランス軍がアメリカ軍とともにエッフェル塔を目指して進軍した日。それを迎えるパリ市民が、熱狂的に燃えたパリ解放の日。その歴史の瞬間、イヴ・シャンピは、フランス軍の一員として行進していた。そのときの思い出を語る三十分ほどのインタビューだ。質問は日本語で岸恵子に伝え、岸恵子がフランス語に直してイヴ・シャンピに聞く形をとっていた。このなかの数分を番組で使う。

その翻訳を誰に頼むかで迷っているところだと話をすると、「面白そうだね。僕にやらせてくれないか」と彼がいいだした。願ってもない話である。しかし三日後、彼は「できなかった」と伝えてきた。聞くと成城大学の同僚を交え三日間、ほとんど徹夜でとりくんだが、どうしても聞きとれないところがあるのだという。そう説明した上で、

「大学の先生なんて、ダメなものだね。二年ほど留学もしたんだが」

彼は苦笑した。

だが私には単語のひとつかふたつ、聞きとれないだけで「翻訳できない」とする彼の完璧主義に感服し、「学者はこうでなければ、ダメなのだな」と考えた。

ちょうど同じころ、高木とも久々に顔を合わせた。

社に藤田敦という営業マンがいた。彼は番組のスポンサーを見つけるのが仕事だった。その

彼がある日、報道部の私のところに顔を見せ、こんなテーマの報道番組を企画し、スポンサーにはある商社を口説こうと考えている。その商社には、高木利貞というすごい切れ者の専務がいる。企画に同意して細部を詰めてくれないか。その上で、その専務に一度、会ってくれないかというのである。これには少々びっくりした。

「えっ、高木利貞？　僕の友人と同じ名前だ」

私はすぐに電話をした。

「こんな話を聞いたんだが、切れ者の専務というのは、ひょっとして君のこと？」

「うん、そうらしいな。切れ者とはほど遠いがね」

その夜は高木と一緒に酒を飲み、あげくわが家に連れて帰った。

学生時代、高木は奈良県のわが家によく遊びに来た。社寺にひかれ、奈良に来たついでに、わが家に泊まったのは高木だけではない。何人もいた。また卒業後のことになるが、私が東京で父と一緒に住んでからは、まずは高田宏が、やがて上京してきた高木も、よく訪ねて来た。母はこのころ妹と一緒に郷里に帰り、やがて一家が住むことになるはずの奈良県の家の改修にあたっていた。だから東京のわが家は父と私の男やもめであり、気軽に訪ねて来やすかったのだろう。

一方私も、こうした友人たちのお宅に学生時代、何度かうかがった。高校以来の友人の清水や、同じ奈良県内の池田の家はもちろんだが、長野県飯田の田中、同じく長野県松本の山崎、山口県宇部の今村、そしてこちらは卒業後だが、石川県大聖寺の高田のお宅などにうかがって、おもわぬ歓待にあずかった思い出もある。

だがこうした往来は、仕事が忙しくなったり、結婚したころから間遠になる。だからその夜、高木がわが家に来たのは久々で、昔話に花が咲いた。

その高木が最後にわが家に来てくれたのは、数年前だ。高田と私の従兄の金井克至も交えての三人連れだった。そのころは私の母が、間もなく百歳を迎える年齢を迎えながらもまだ元気で、三人の顔を見るなり、

「あれあれ、あなた方も、ずいぶん年をとったわね。頭が真っ白じゃないの」

と声を上げた。母にとってはわれわれは何時までたっても一人前でなく、その半人前が早くも白髪頭なのに、違和感をいだいたようだった。そういえば高田が京都の平安女学院大学の学長になり、そのことが新聞で報じられたときには、

「お前が大学の先生をしているのは可笑しいとおもっていたけれど、高田さんの学長は、もっと変ね。ふたりともちっとも勉強をしなかったのに」

わざわざ電話をかけてきて、そういった。それをそのまま高田に伝えると、

「それはまったくその通りだ」

彼は電話口で大笑いをした。おそらく母にとってのわれわれは、何時までたっても「できの悪い子供」でしかなかったのだろう。

話がずいぶん先まで飛んでしまった。私が法学部に移った二回生に、もう一度戻って話を進めると、こちらで聞いた授業にも、面白いものがたくさんあった。たとえば瀧川幸辰の刑法や末川博の民法、猪木正道の政治学、田畑茂二郎の国際法、田岡良一のフランス国際法などで、「独裁政治」をテーマに講じた猪木からは、本来の勉強以外に「君たちは卒業してからも、本を読む習慣を失わないように。まちがっても『文藝春秋』しか読まないような社会人になってもらっては困る」と注文をつけられた。

そうした授業のなかで私がとくに興味深く聞いたのは、瀧川の刑法総論、なかでも因果関係論だった。この授業にはミステリーを読むような面白さがあり、胸を躍らせのぞんだ覚えがある。

瀧川事件で知られるこの瀧川からは、「試験の答案に、僕が教えた通りのことを書くようでは、六十点しかあげられない。君たち自身が考えたことを理論立てて記し、それに僕が感心し

て、初めて八十点をつけられる」と教えられた。そしてその上で、「これまでずいぶんたくさんの学生と接してきたが、八十点以上をつけたのはごく数人しかいない」とも聞かされた。瀧川はこの言葉を通して、「世のなかに、最良の答えはひとつではない。いくつもある。条文と法理にてらして、そのいくつもある答えのどこに導くか、それを君たち自身の判断で探ってほしい」と、いいたかったにちがいない。つまり大事なのは結論ではなく、そこにいたる過程であり、論理なのだといいたかったのだろう。

瀧川がだした刑法各論の試験問題には、「チャタレイ裁判の判決について、思うところを述べよ」というのがあった。私が試験を受けた前年か、前々年の設問である。

この「チャタレイ裁判」とは一九五〇（昭和二十五）年、伊藤整が訳したD.H.ロレンスの作品、『チャタレイ夫人の恋人』をめぐって開かれた裁判だ。「文学かワイセツか」を論じた裁判で、いま考えると、どうしてあの程度の作品が「ワイセツ文書」とされ、発売禁止処分を受けたのか不思議だが、当時、世間をさわがす大事件であったことは、特別弁護人や検察側、弁護側の証人の顔ぶれを見ただけでよくわかる。

特別弁護人はフランス文学の中島健蔵と評論家の福田恆存。弁護側の証人には、英文学者の福原麟太郎や吉田健一、心理学者の波多野完治、宮城音弥ら十二人がいたし、検察側の証人には、日本国憲法の成立に深くかかわった、当時、国立国会図書館長の金森徳次郎など十一人がいた。いずれも当代、第一級の文化人や学者である。

試験はその第一審判決に対する問いかけだった。何をどれだけ知っているか、身につけているか、それを問う試験が多いなかで、これは回答者の文学観や価値観までを質す設問である。それだけに面白く、「もし同じ問題が今年もでれば、こう書くだろうな」と考えたことをおもいだす。

あのころ、法学部の答案用紙は、罫の入った用紙を七枚綴じたものだった。出題を見てすぐに書きださないと、時間内に七枚は埋めつくせない。いつもせっせと書き綴った。それはそれでなかなか楽しい作業だった。

さてこの瀧川がかかわった瀧川事件にも、ここで短くふれておこう。これは一九三三(昭和八)年、瀧川の著書『刑法読本』の自由主義的な刑法思想が忌諱にふれ、帝国議会で「京都帝国大学教授、瀧川幸辰の刑法学説には危険思想あり」と攻撃がしかけられたことに端を発した事件である。この問題が起こると京大法学部教授会は、学問研究の自由と大学の自治を侵すものだと激しく反発した。しかし時の文部大臣鳩山一郎は、高等文官分限委員会を開いた上で、瀧川の休職を発令。これに対し、京大法学部の教員全員の三十九人は一斉に辞表を提出し、抗議する姿勢をとった。また京大、東大、九大などの学生も、大学の擁護を叫び立ち上がった。一方、事態解決を目指して、仲介にあたっていた京大総長はサジを投げて辞任した。

これを受け文部省（現文部科学省）は、後任の総長とともに懸命の切り崩し工作を重ね、一部の教授の辞表を撤回させることに成功した。反対運動を展開したのは学生だけで、他大学の教授たちは口では政府の非を責めながらも、反対の共同行動をとるにはいたらず、京大の教授たちは孤立感を深めていた。そのことが敗北につながったといわれている。また文部省の高圧的な姿勢の背後には、右翼団体と軍部の圧力があったようだ。

だがそのなかでも初志を貫徹し、最後まで辞表を撤回しなかった二十人の研究者がいた。佐々木惣一、末川博、恒藤恭ら七教授と、助教授、講師、助手、副手らの十三人である。彼らはそれぞれ自らの信念を守って、大学を去っていった。

余談を記せば、事件が起こった一九三三（昭和八）年は、私の生まれた年である。だから母が乳飲み子の私をだいて、恩師のもとへ挨拶に行ったとき、先生は私の名前を聞き、

「一郎って、鳩山と同じ名前ね。どうしてそんな名前をつけたの」

とお冠だったそうである。

後年、私が瀧川先生の授業を受けているのを知って、母はそんな昔話を笑いながらしてくれた。

瀧川は一九四五（昭和二十）年八月、日本が敗戦の日を迎え、すべての価値観が逆転するなか、請われて大学に復帰し、翌年からは教壇にふたたび立った。このとき瀧川は、まさに輝かしい「時の人」だった。

事件をテーマに東宝が映画を作ったのも、こうした時代のなかだった。黒澤明監督の『わが青春に悔なし』である。この映画で原節子は瀧川の娘に扮して評判をとり、『近代映画』昭和二十一年十二月号は「原節子の美しさは、幾ら褒めすぎても褒めたりない。こういう女が吾々種族のあいだから生まれて来たことが、すでに吾々にとって不思議である。奇跡の感を与える」と書いた。原節子が「永遠の処女」と呼ばれるようになったのは、このときからだといわれている。

瀧川は私が授業を受けた翌年の一九五三（昭和二十八）年には京大総長になるが、学生運動にきびしい姿勢でのぞんで、世人をびっくりさせた。やがて「総長暴行事件」での対応などを通して、学生から「保守反動」呼ばわりされて排斥の対象になるが、これは私の卒業後のできごとである。

いや余談がすぎた。私が学んだのは、この伝説のひと瀧川だ。

だが瀧川先生ひとりが戻って来たくらいでは、事件で多くの研究者が大学を去った穴は、埋められるものではない。事件の影響は私が学んだころになっても、おそらく深い影を落としていたにちがいない。大学は近隣の学校の学長クラスの先生方を、何人も非常勤講師で迎えていた。立命館大学総長の末川博、同志社大学学長の田畑忍、大阪市立大学学長の恒藤恭といった先生方だ。

これは一面、苦しい事態を乗り切るための苦肉の策だったろうが、見方を変えれば、ずいぶん贅沢な布陣だった。

民法の親族・相続を担当された末川先生は、「タクシーに乗って煙草を買えば、アシがでるような安い講師料で、わざわざ教えに来ているのは、かつて学んだこの大学のアカデミックな雰囲気が懐かしいからだ」ともらされ、「君たち、答案を書くときには、もう少し文章に心をくばってほしい。たとえば語尾が、である、である　とつづく文章は、読むにたえない。である　と書いた後は、だ　にするとか、だろうにするとか、もっと工夫をしてほしい。それが答案を読む教師への心くばりだ」と注意された。

また法哲学の恒藤先生は、芥川龍之介が「一高時代の親友なりき」と書き、「(彼は) 秀才なりき。格別勉強するとも見えざれども、成績は常に首席なる上、仏蘭西語だの羅甸語だのいろいろのものを修行しゐたり。それから休日には植物園などへ、水彩画の写生に出かけしものなり。」と記した人物だ。つまり芥川は、自分がどんなに勉強しても、写生にうつつを抜かす恒藤の上にはなれなかったと書いている。それを読んでいただけに、やはり伝説上の人物に接するおもいで講義を聞いた。

日本近代史の松尾尊は、この恒藤が瀬川事件で京大を去ることになったとき、一高での同級生でやはり京大に進んだ文藝春秋社長の菊池寛が、彼の文才を買って入社を呼びかけたことを、「世界」の一九八五（昭和六十）年六月号に書いている。

このとき菊池がだした条件は、「お礼は月額二百円と年に四、五ケ月分の賞与」だったが、恒藤は熟慮の末、「年報酬七百五円」の立命館大学の講師を選び、やがて大阪商科大学（現大阪市立大学）の講師に移った。菊池が提示した額と比べて、三分の一にも満たない報酬で学者の道を選んだわけである。しかもおどろいたことに、京大で教授だった彼は、立命館大でも大阪商大でも嘱託講師に甘んじた。これは「立命館の財政事情を考慮し、また、若手の教官の将来を尊重して、自らは講師のポストに甘んじたのではあるまいか」と松尾は推測している。恒藤が大阪商大の教授になったのは、七年後の一九四〇（昭和十五）年であり、一九六六（昭和四十二）年には文化功労者に選ばれた。

学ぶうちに法学部にも友人がたくさんできた。このなかにも魅力あるひとがたくさんいた。たとえば山口繁は後に最高裁判所長官になったし、河合伸一、藤井正雄、奥田昌道も合わせると、同じ学年の仲間から四人もの最高裁判事が誕生した。十五人しかいない最高裁判事のうち、四人までが同級生とは、おそらく前代未聞だろう。彼らからはいまでも年賀状をいただいているし、うち二人とは年に一回は、日を決めて会っている。またそのほかにも、いまでも深いつきあいがつづいている法学部時代からの畏友は何人もいるし、思い出も多くて書きたいことはたくさんある。しかしここでは割愛しよう。話がふくらみすぎて収拾がつかなくなる。


法学部に移ってからも、文学部時代の友人とのつきあいは変わらずつづき、彼らから誘われて文学部の講義にもぐりこむことも時折あった。たとえば桑原武夫のルソー研究、田中美知太郎の西洋哲学史などである。

桑原武夫のルソー研究の講義では、ルソーがコナックをでて、パリに向かうところが語られた。

「目黒、柿の木坂に住んでいた一心太助が、立身出世するためには江戸にでねばと村をでたのと似ているな」

そんな馬鹿なことを考えながら聞いたのは、桑原の話し口が、いささか講談調だったせいかもしれない。

桑原は文章の書き方についても教えてくれた。

「君たちの文章は、とにかく漢字が多過ぎる。そのまま印刷したら、真っ黒になりますよ。そんなもの、誰が読んでくれますか」

中国文学の吉川幸次郎は、中国語で読む詩のリズムと音色の美しさを教えてくれた。聞きながら、中国の詩は中国語で読まなければダメだという、ごくあたりまえのことがよくわかった。たとえば嫁いでいく娘と娘の家の幸せを、桃の花の持つふくよかさとあたたかさに託して祈る祝婚歌の「桃夭」は、

桃之夭夭　もものようようたる
灼灼其華　しゃくしゃくたるそのはな
之子于歸　このこ　ゆきとつがば
宜其室家　そのしっかによろしからん

と日本語で読んでも、それはそれなりにいいものだ。しかしそれでは「華」と「家」の脚韻の変化が読みとれない。華は（クワ）であり、家は（カ）である。

吉川はそんなことも教えてくれた。

桑原のいうところでは、吉川は中国語での作詩作文はもちろんのこと、中国語での話術にも優れていて、「中国のある高名な学者が、私も吉川先生のような高雅な言葉を喋れるといいのですが と述懐していた」とのことだった。吉川が「わが国」といえば、それは日本ではなく中国のことだという話も耳にした。

田中美知太郎のギリシャ哲学史も、面白い講義だった。しかしある日、授業のさなかに、「ストライキに入りましたので、授業をやめてください」

と、自治会の委員らしい学生が伝えに来た。田中がどうさばくか、興味津々で見ていると、

「アテネではこうした場合、市民の多数決で決めていました。それが民主主義です。君たちの意見で決めましょう」

と仕切られた。そして挙手で採決をとった結果、ストライキ参加と決まると、不愉快そうな憮然とした表情で教室をでて行った。どうして講義を選ばないのか、まことに「腑に落ちない」といった態度だった。民主主義とは多数決で決まったことに、賛成であれ反対であれ、いさぎ

よくしたがうものだ。そう考えていた私は、

「田中さんの民主主義もその程度か」

と、何だかガッカリした覚えがある。

先生方の寸評をこのように軽薄に書いていても仕方がない。そろそろ切り上げるとして、文学部の授業に出席した私は、逆に文学部の友人にも法学部の授業へ誘ったが、これは残念ながら実現しなかった。しかし海商法の「無過失責任」なんて言葉を聞くと、早速皆に披露して楽しんでいた。嬉しいことに、皆も面白がって聞いてくれた。

私は二回生になってからは、七条大宮に下宿していた。七条大宮は大学からやや遠い。だから、この下宿を決めるにあたっては少し迷った。だが父の友人の京都府立医科大学の教授がわざわざ探してくださった家であり、断りづらくここに決めた。奥さんと娘さんのふたり家族。娘さんは小学校の先生で、奥さんは家でお茶を売る商売を営んでいた。一階は彼女らの居住区であり、私は二階の二間を借りることにした。部屋代は千円。当時といえども格安だった。

ここに下宿を決めたと、東京の両親に知らせると、「島原近くのお茶屋に下宿したとはいったい何事だ」と父がびっくりして聞いてきた。父の友人の教授からは、何故か説明がいっていないらしかった。

学校から遠いせいもあり、この下宿には、あまり誰も来なかった。だが高木だけは別だった。わりによく来た。

丸西とふたりで泊まりがけで来たときには、手もとにでたばかりの『文藝春秋』があり、そこに池島信平が入社試験を受けた昭和初めの試験問題が紹介されていた。多分、池島が『文藝春秋』の編集長になり、入社当時をおもいだし、その記事を載せたのだろう。

この問題を三人でとくことにしたが、漢字の意味を問う質問で、私にはわからないのがいくつかあった。たとえば「後朝」である。だが高木は知っていて、「きぬぎぬの別れをしたことがないんだね」と気どっていった。ことほどさように、彼はどうでもいいようなことを、よく知っていた。私の目には雑学の泰斗に見えた。

翌朝、三人で話をしていて、私たち全員の持ち金全部合わせても、一人分の市電代にしかならないと気がついた。相談の末、高木がその僅かな有り金を握りしめ、金の工面に行ってくれた。私と丸西は灰皿に残っているシケモクを吸いながら、彼の帰りをひたすら待った。高木が千円札を持って戻ってきたのは、そろそろ夕方になろうとするころだった。その千円で食事をし、煙草を買ったが、どこでどのようにして手に入れた千円なのか、彼は語らなかったし、私たちも聞かなかった。

このとき一緒の丸西といえば、こんなこともおもいだす。ある日、おもい立って私がひとりで金閣寺にでかけたときのことだ。下足箱に靴を入れ、拝観を終えて帰ろうとすると、脱いだ靴が見あたらない。盗まれたのだ。

すでに名誉教授になられていた国文の澤瀉久孝先生のお宅が、金閣寺の近くにあった。澤瀉夫人は母の大阪府女専（現大阪府立大学）時代の友人であり、母は澤瀉先生に習ってもいた。だから何かあれば、相談に来るようにといわれていた。私は事情を説明し、下駄を一足いただいた。

そのときたまたま先生がご在宅で、座敷に通された。私はだされた座布団にどっかと座った。しかし先生は何故か座布団に座らず、畳の上に正座した。やがて話が国語の話になり、私が古文の文法など知らなくても、不自由しないといった意味のことを口走ると、先生が訝しげに、

「でも文法がわからなくては、源氏物語も読めないでしょう」

と質問された。私は、

「文法を知らなくても、源氏物語くらいは読めますが」

とおもわずいってしまい、その後は気まずい沈黙が漂った。

翌日、丸西に会った折り、そのくだりを報告すると、

「君は法学部の学生で、本当によかったな」

としみじみいった。

そんな途方もないことを、大先生に向かっていうとは、何たることだと彼は呆れ、国文学者の間での先輩と後輩のありようを教えてくれた。たとえば「様」の崩しようには何通りもある。その崩した「様」を、先輩の格に合わせて使い分ける。それが国文の世界での常識だ。「日ごろそれほどの敬意を払っている大先生を前にして、座布団に座ってあぐらをかき、その上そんなバカなことをいうとは信じられない」。彼は非難がましい目つきで慨嘆した。

七条大宮の下宿とは一年だけでおさらばした。ここの奥さんはとても親切だったし、毎朝「お早うおかえりやす」と送りだされるのも、新鮮でいいものだった。だが困ることがふたつあった。まず女だけの一家だから、夜十時には戸締りをする。それまでには帰ってきてほしいと申し渡されたこと。そしてもうひとつは、通学の前に、毎朝必ず抹茶を振る舞われたことである。私は朝は少しでもゆっくり寝ていたい。でも抹茶を飲むには、その分、早く起きねばならない。抹茶と同時に振る舞われるお菓子は魅力的だったが、早起きは苦手だった。

だから三回生になると下鴨に移り住んだ。そして四回生になってからは、その下宿に従兄の金井と一緒に同居した。彼は工学部の燃料化学の専攻で、後にノーベル賞を受ける福井謙一先生の弟子だった。銀閣寺の近くに下宿していたが、ある日、話をしていて、ふたりともほとんど下宿に帰っていないことが判明し、

「そりゃ、もったいないね」

と話が進み、「それなら僕の下宿に来ないか」となったのだ。ところが一緒に住んでみると、ふたりとも下宿によく帰る。下宿に話し相手がいるようになり、生活パターンが変わったのだ。おかげでプライバシーはゼロである。これには困った。どちらも帰らないのならというおもいで同居したのに、あてがはずれた。

そんなある日、翌日に試験をひかえた私と金井が、一夜漬けの勉強をしていると、高木が鼻唄交りでやって来た。

「文学部の試験は今日で終わった。さあ、遊ぼう」

というわけだ。いわれて私は即座に勉強をやめ、金井もそれにならった。

翌日の試験では「○○と△△の法律的な差異を記せ」の一問がでた。たしか行政法の試験だった。最初の○○については、高木が遊びに来る前に、すでに読んでいて、答えることができたのだが、もうひとつの△△はさっぱりわからない。私はわかっている方の○○について詳

しく書いた。

「一・○○はかくかくしかじかの法律的な性質をもつ。そのよってきたる理由はかくかくしかじか。およぼす効果はかくかくしかじか。しかし△△はこれと異なる。一・また○○は……」

そんなことを七枚の答案用紙に延々と書き、七枚目の答案用紙の最後の行に句読点の丸を打った。試験会場にいた友人にそのことを話したところ、ところどころに「学説によって異なるところがあるものの」と挿入すればもっとよかったのに、と彼は笑った。あの日は金井も試験で、苦労したにちがいない。


友人たちと女性の話も、一言だけ書いておこう。皆が皆、正直に話してくれたわけでなく、こちらから問いただしたわけでもないので、正確なところはわからない。しかしおそらく、学生時代から女性にモテていたのはごく少数。大方は女性に対して不器用で、失恋ばかりしていたようにおもえなくもない。高田にいたっては大学に入ってから、原稿用紙数十枚の恋文を高校時代の同級生に書き送り、あっさりふられたとのことだった。

そのなかで学生時代のつきあいを、結婚にまで結びつけたのは金井克至と田中住男だ。

金井は高校時代に下級生だったある女性に、恋していた。その女性は京都府立医科大学で学ぶ医師の卵だった。

ふたりの仲は、金井が大学院に進んだころから、本格的に始まったらしい。ふたりは鴨川べりにでかけ、夕涼みを楽しむこともあったらしい。つまり日ごろは、とても仲のよいカップルだった。しかし何故かよく喧嘩もした。あげく金井が下宿に戻って、「彼女とは絶交した」と高木に告げたことが何度もあった。

書き遅れたが、そのころ金井は、高木や山崎と同じ家に下宿していた。

「絶交した」と伝えたときの金井のさまは、まことに困った状態だったらしい。高木の証言によれば、激しく落ちこみ、食欲を失くし、生きる意欲まで失くしている。見るに見かねた高木はその都度、彼女の下宿を訪ね、金井の状態を伝え、「これからもつきあいつづけてください」と頼んだそうだ。

きっとそのおかげだろう。ふたりはやがて結婚することになり、金井の指導教官、福井謙一先生のもとに、そろって仲人を頼みに行った。すると先生は、

「あなたの学位はいつごろとれますか」

と質問した。彼女が「来年の三月には」と答えると、

「それじゃ早く結婚しなさい。金井君はまだしばらく、学位をとれそうもない。新郎に学位

がないのに、新婦だけが学位を持っているのでは、仲人の挨拶もやりにくい。あなたが学位をとる前に式を挙げましょう」

といったそうだ。

こうしてふたりはめでたく式を挙げ、新婦は結婚後間もなく予定通り学位をとった。新婦としては、新郎にも早く学位をとってほしい。だが勉強しやすい環境を整えようと部屋をあたためると、新郎は「眠くなった」と布団に入る。それではと部屋を寒くすると、「寒い、寒い」とやはり布団にもぐって寝てしまう。これには困ったらしい。

「どうすればいいのでしょう。一郎さん、考えて……」

と彼女から相談を受けたことがある。

それでも配偶者の配慮が実って、金井もやがて学位をとった。そんなある日、いつもの薄汚れた風体で京都の街を歩いていて、警官の不審尋問を受ける羽目になった。仕方なく「工学博士　金井克至」と書いた名刺をだすと、警官は「あなた、お父さんの名刺をだされても困りますよ」といったそうだ。博士の値打ちがまだ少しはあったころの話である。その金井にはふたりの息子と娘とがいる。息子たちは東京大学医学部と農学部の先生であり、娘は女医だ。

もうひとりの幸せ者、田中の結婚式には、金井と高田が参列した。田中の家は長野県飯田市の大きな料理屋だった。それだけに披露宴は盛大で、見事な料理がでた。その席で高田は勧められるまま、しこたま飲んだ。しかし当時の高田は酒豪だった。ちっとも酔わない。辞して旅館に戻ろうとする高田を呼びとめて、田中のお父さんがいったそうだ。

「少しは千鳥足で歩いてください。お酒をけちったように、ご近所におもわれますので……」

こちらは金井の証言だ。田中のふたりの息子は、朝日放送とＮＨＫに勤めている。

また話が飛んでしまった。卒業式の夜はその金井や高木と一緒だった。四条河原町界隈で飲んで騒いだ覚えがある。

同じ卒業式の夜、ひとりの学生が祇園の「一力」にでかけた話を後で聞いた。「一力」とは忠臣蔵の大石良雄が、敵の目をあざむくために、毎夜、通ったといわれる一力茶屋だ。玄関先に立ったその学生は、女将にこう告げたそうだ。

「僕は卒業式の夜はここに来ようと心に決めて、アルバイトで金を貯めました。今日は遊ばせてください」

すると女将はこう答えたそうだ。

「出世おしやしたら、頂戴しますさかい、今日は結構どす。どうぞお遊びやしておくれやす」

貯めたお金は大事にしなさいと、その夜は女将のおごりになったというのである。

「これは本当にあった話でしょうか。それとも伝説でしかないのでしょうか」

いまの女将に確かめると、彼女は首をかしげた。イチゲンさんを店に上げたこと自体が、信じられないというのである。

一方、縄暖簾の常連だった高田は、卒業式の夜、馴染みの店を一軒ずつ訪ねてまわった。おどろいたことにどの店も餞別のネクタイを用意して待っていた。その夜、高田が貰ったネクタイは十本近くになったらしい。

こんな話を書いているときりがない。そろそろ書き止めるとしよう。

ここに書いた文学部の友人たちとは、「高田宏と酒」のところでも書いたことだが、毎年三月一日、祇園下川原の玉半という店に集まることを決めている。この会は二十数年前、丸西と尾崎が死んだとき、

「生きているうちにもっと会おう」

ということでスタートした。

年一回のせいだろうか、集まると皆、実によく喋る。だから話にわりこむのが大変だ。年齢を重ねることは、雄弁家になることと同義語らしい。

今年の正月、高木は、

「術後の経過はあまりよくないが、何とか元気になって、三月には行くつもりだ」

とわざわざ電話で伝えてきた。しかし三月には病状が進んでいて、来られなかった。ここ数年、会の終わりは、

「来年は生きているかどうかわからないけど……」

と話し合って別れるのが常になった。残念ながらその言葉通り高木が欠けた。私はできるだけ長生きして、世の行く末を見届けたいとおもっているが、どうなるか。明日のことは誰にもわからない。

大学の先生稼業

私は先年、ある大学から、先生になってほしいと口説かれた。これまでの女子大学を男女共学の大学に改組し、社会文化学部を新設するので、来てほしいとの話である。女子大でなくなる時点で招かれるとは、いささか不本意だが、大学の先生とは面白そうだ。これまでしてきた仕事を整理するいいチャンスにもなりそうだ。でも、

「ありがたいお話ですが、いますぐは会社の仕事もあり、ちょっと無理です。しばらく後なら、お受けできるかもしれませんが……」

「新しい学部の新設は、これから文部科学省に申請しますので、早くても来年のことになります」

「いやそれでも、一寸……」

「いやいや、ゼミを担当してもらうときから来てもらってもいいので、さらに二年は余裕が

あります。いずれにしても名前を借りたいのです」

とまでいわれ、ありがたくお引き受けした。

条件はひとつ。著書が一冊もないようでは、文部科学省に申請するにあたって困るので、今年中に本をだしてほしいと注文され、それは何とかクリアした。

だからそこまではいいとして、現実問題、大学教授なるものに就任して困ったのは、何だか妙に忙しくなり、想像以上に時間が足りなくなってしまったことである。

実は私は大学の先生をするのは、今度が初めての体験ではない。これまでにも、非常勤で、大学や大学院の先生をいくつか引き受けてきた。その経験から、「大学の先生なら」と、わりあい簡単に考えていたところがあった。ところが今度は、生まれて初めての専任の教員である。それだけに何故か、こちらに向学心が湧いてきたのである。忙しくなったのはそのせいだ。

大昔、まだ学生だったころ、私は自慢ではないが、スジ金入りの怠け者だった。大学に入る前も入ってからも、試験は適当にしのいでいて、成績はそう悪くなかったが、勉強はロクにした覚えがない。むろん、卒業後、就職してからも、必要最低限の調べものはしてきたが、それ以上は手抜きをするのがいつものことで、サボることのプロを自称してきた。

それが突然、講義を担当することが決まった途端、関係する専門書を次々に読む気になったのだから妙である。

ひとつには大学で広い研究室をあてがわれ、これまで家のあちこちに散らばっていたその種の本を、一ヵ所におさめることができるようになった結果かもしれないが、六十七歳の手習いだ。

夜中まで本を読んでいても、早朝には目が覚めて、本をまたひもとく習慣ができてしまった。ただ若いころとちがって、一度読んでもなかなか頭にとどまってくれない。

「うん、これは面白い」

そうおもっても、しばらくたつと、どこが面白かったのかおもいだせない。これがつらい。しかし、そうではありながら、目下、本の虫になっている。

そういえば昔よくおつきあいいただいた東京大学の衛藤瀋吉先生が、助教授から教授にならされたころ、

「僕は毎朝、六時には研究室にでています。それでも勉強の時間が足りなくて困っています」

といわれるのを聞き、

「そうか。朝六時から勉強とはすごいものだ」

と、感心した覚えがある。この朝六時の出勤は、東大を定年退官されるまでつづいたと聞い

ている。

しかし最近の経験でおそらくあのころの衛藤さんも、大いに楽しみながら、早朝出勤されていたにちがいないと気がついた。人間、義務感や責任感だけで、毎朝六時に出勤できるものではない。勉強が面白くて仕方がなかったにちがいない。

国際政治、とくに中国がご専門の先生は、

「人民日報を読んでいると、一寸した表現の変化のなかに、大事なシグナルがこめられている。それをきちんと読みとらなくちゃね」

といわれていた。まだ日中国交回復前の時期である。中国の新聞に目を通すのに、毎日ずいぶん時間をかけておいでのようだった。

またずっと後のことになるが、昭和天皇の訪中が話題になったとき、この問題は三つの論点で判断し、決断すべきだと書いておられたのを覚えている。まず中国の情勢、次に日本国内の情勢、最後に両陛下のお気持ちである。

そして第一の中国情勢に関しては、「鄧小平が最高指導者をしている現在がベストだ」というのが、訪中反対論者が少なくないなかでの衛藤さんの説だった。この分析が正しかったことは、いまになるとよくわかる。

またご訪中は、将来の日中友好へのコーナー・ストーンとして、大きな役割を果たすものだと論じておられた。

先生は世間から、右よりの論客と見られていたところがある。福田赳夫元首相が現役時代、自分の相談役に招いたり、亜細亜大学理事長の瀬島龍三が先生の自宅を訪問して、大学の学長になってほしいと懇望したりするものだから、そのイメージが世間でまちがいないものとして定着した。

だが私の見るところ先生は確固とした愛国者で、右とか左とか、簡単に分類できるような存在ではない。だから中国文学者の竹内好や政治学者の丸山真男などリベラルなひとたちとも、語り合える仲間としてのつきあいがつづいているのだろう。

また先生は著書の『無告の民と政治』のなかでたとえば竹島問題について、きわめて特異な見解を展開している。「竹島は歴史的に見て日本領だ」という論考の方が、いくつか読んだ韓国側の論文よりも納得できるとしながらも、こんな意見を記すのだ。少し長くなるが引用したい。

「しかし、遺憾ながら、歴史的な筋の正しさが、いつでも国際紛争の処理の準則になるとはかぎらない。むしろ、歴史的な筋の正しさは正統性の、一つの弱い根拠にしかすぎないのである。日韓新条約の精神が和解と友好にある以上、歴史的な筋を通すより、それこそ大局的見地からあえて譲ることも考えねばなるまい。

佐藤首相はそのような将来の選択と決断が、どんなに困難であり、勇気が必要か、お考えになったことがあろうか。もし、ナァーニ、だまって放任しとけば、いつのまにか国民は竹島など忘れるサ、とたかをくくって、このような困難をお考えになったことがないなら、いまからでもおそくはない。後世の歴史家からだらしのない無能政治家と烙印をおされないよう、じっくりお考えいただきたい。既成事実に屈伏するつもりなら、国民にむかって、率直に竹島の放棄とその前後処理（島根の漁民への補償など）を語りかけるべきである。国民はこのような譲歩には、耳を傾け、そして堪えてゆくであろう。」

前後の文脈から判断して先生は、「竹島の放棄」を正しい選択とされている。私たちが聞いてもびっくりする主張である。ましてや右翼が聞けば、轟々たる非難をあびるであろうおもいきった発言だ。これひとつをとっても、先生を右と決めつけるのはまちがいだ。

さてその先生に私はつい先日、大学の教師をすることになったと電話で報告した。すると、

「辻一郎が知識産業で給料を貰うとは……」

と慨嘆され、

「要するに、カントやヘーゲルだけが、学問ではない時代になったということですね」

と冷やかされることになってしまった。

もっともその衛藤さんも、カントやヘーゲルを後生大事に守り抜く、並の学者とはちがう一面を色濃く持っておいでになる。

たとえば請われて学長に就任した亜細亜大学では、次から次へと新機軸を打ちだして、安寧をむさぼっていた世の大学人をおどろかせた。いずれもやがて来る少子化時代を見すえての対策である。

日本で初めて、「大学のコマーシャル」をテレビで流して話題を呼んだのも衛藤さんなら、「偏差値より個性値」をキーワードに、けん玉日本一の青年などを合格させる「一芸一能入試」を立案して、実施したのも先生だ。一芸一能はその後あちこちの大学が真似たことからもわかるように、なかなか見事なアイデアだった。こうした学長生活は、先生の著『学長の鈴』にも詳しく綴られていて面白い。

そういえば、ある日衛藤さんから、電通が作る大学ＰＲのコマーシャル制作費の額を聞かされ、びっくり仰天したことがある。「ずいぶん高いものだ」とあきれはて、おもわず、「そんな高いお金をかけなくても、あの程度のものでしたら、僕がただで作って差し上げますよ」と、余計なことを口走った。

すると翌朝早速、電通から抗議が来た。私に直接ではなく、社の営業に、「仕事の邪魔をしないよう伝えてください」という意味の電話があったというのである。もっともな話なので余計なことはせずに身を引いたが、その反応の速さにはおどろいた。

「こうでなくては、商売はできないのだな」

そうおもわされるできごとだったが、私の発言をすぐに電通に伝えた先生の行動力にもびっくりした。

ともあれ、こうした努力の成果だろうか。亜細亜大学では、衛藤さんの学長就任当時、一万三千人だった受験生が、五年後には三万九千人にまで増えたらしい。大学にとっては、大変な功労者だ。

また先生は、卒業生の面倒もよく見ておられた。

たとえばアルピニストの野口健が卒業を間近に控えたころ、先生から一本の電話をいただいた。久闊を叙した後、先生は単刀直入に「野口君が毎日放送に入りたいといっている。どうすればいいか知恵はないか」と切りだされ、そのころすでに毎日放送を辞めていた私は、「僕はお役に立てません。それより先生、社長のSさんをよくご存知ですよね。あの方にお話なさるのがいいとおもいます」と答えたことがある。その後、おそらく野口君が翻意したのだろう。コトはならなかった。それにメディアの試験では、コネはほとんど功を奏さないのが普通である。だがそれにしても、学長がひとりの学生の就職の手助けまでされているのにはびっくりした。そこまで先生は大学につくしていた。

だが大学は伏魔殿だ。「大学発展のためなら、ひとさまの靴の裏までなめる」と決心していた衛藤さんの足をすくう教授が、何故か何人も輩出した。いずれも亜細亜大学生え抜きを誇る連中だったらしい。おそらく、

「よそ者にかきまわされてたまるか」

と、そんな考えがあったのだろう。

そのせいばかりかどうかはわからないが、衛藤さんはやりたい改革をおそらくまだいろいろ残していたにちがいないのに、学長の座を去った。しかしふたたび研究者の生活に戻られて、ホッとされたところもあったらしい。

その先生、いまは東洋英和女学院の院長をされて、優雅な生活をお送りのようである。先般、私がささやかな出版記念会を開いたとき、会場にお元気な顔をお見せいただいたくらいだから、

少しはヒマになられたのかもしれないが、それでもいまだに、「この時間からこの時間までは」とスケジュールをキチンと決め、日々の勉強をつづけておいでだと話に聞いた。

ただそのとき、

「研究にあてるはずの時間に、何か頼まれごとのような俗事が入ると、つい嬉しくなって、そっちの方に向いてしまうんですよ。ダメですね」

との反省の弁がつづいた記憶がある。この反省もふくめて立派なものだ。やはり本職の先生と、にわか仕立てでは大いにちがう。

おまけに私の場合は、この高揚した気分がいつまでつづくかの保証はない。せめてあと三年、七十歳までは、とおもうのだが、どうだろうか。

ところでいまから三十五年も昔のことだが、哲学者で吉田内閣で文部大臣を務めた天野貞祐さんにお目にかかったことがある。そのころ天野さんは八十歳だった。

そのときうかがった話では、天野さんが若いころから掲げてきた目標は、カントが亡くなった八十歳まで、カントと同様、毎晩十時に就寝し、朝五時に起きて勉強することだった。その八十歳を先日迎えたので、「そろそろこれまでの生活パターンを変えて、少し怠けることにしてもいいのかな」と、考え始めているとのことだった。当時三十代前半だった私は、「八十歳まで勉強とは」とびっくりし、「そんな人生、楽しいのだろうか」と不遜なことを考えたのをおもいだす。

カントは規則正しい生活を送った哲学者としても有名だ。だがある夜、彼はたった一回、自分に課した規則を破った。それは自由主義教育を説いたルソーの『エミール』を読んだ夜である。あまりの面白さに、夜十時を過ぎても読みふけった。

これはそのとき、天野さんに教えてもらった逸話である。ドイツ人の哲学者カントとフランス人の啓蒙思想家ルソーの結びつきが面白くて、いまだに天野さんの声が、耳の奥に残っている。分野がちがっても、一流は一流を解したということだろうか。

年齢を超えての勉強といえば、詩人の堀口大學が雑誌『短歌』のなかで、「最近、日本語がようやくわかるようになりました」という意味のことを書いていた。このとき堀口さんは、八十七歳。あの発言にもびっくりした。

だが私はこうした老大家のように、八十歳、あるいはそれを過ぎてまで、勉強をつづける自信はない。とてもとても無理だろう。せめて七十歳までというのが、先にも書いた通りいまの目標だが、それだって本当のところは、すこぶるあやしい。

まあそれやこれやで、それなりに忙しいおもいをしている私に、ある友人が先日、こんなことをいいだした。

「いいですなあ。大学の先生ですか。そりゃ、本をまただせますな」

つまり大学の先生とは、世間から、そのようなヒマ人と見られているらしい。しかし私にかぎっていえば、話はまったく逆である。実はある出版社から去年の暮れ、

「本をもう一冊だしませんか。春までに原稿をそろえてください」

といわれていた。しかし目下は原稿どころの話ではない。春を秋に変えてもらったが、それでも間に合うかどうか、心もとない。

それやこれやで、このところ寝る時間が短くなった。本を読むのに時間をとられるようになったにもかかわらず、友人との夜のつきあいが、これまでとちっとも変わらないせいである。毎晩、毎晩、手帳はひとと会う予定でいっぱいだ。

この文章も、電車のなかで書いている。

ではありながら、新米先生、目下、この状況を楽しんでいる。その意味では、先生というより、入学を許された一年生の心境である。その気分は悪くない。それにしても、せめてもう十年前にこうなっていれば、何かが変わっていたかもしれないのに残念だ。コトのついでに、ひとつまちがえば、いっぱしの学者にだってなれていたかもしれないとおもってみるのも悪くない。

そんな気分である日テレビを見ていたら、作家の宮尾登美子さんが、

「背丈に合わせることだけで満足せず、ときどきは、背丈に合わない仕事にいどむことも大事ですよ」

と発言しているのにでくわした。確かに人生、一度くらいは、無理な高望みをいだくのもいいかもしれない。

夢だけなら誰でも見られる。

第三章　職場の思い出

ある先輩の日記

いまから六十年近い昔、社に皆川荘一という先輩がいた。

私は大学を卒業すると、一九五五（昭和三十）年四月、当時の新日本放送、いまの毎日放送に入社し、五月に東京支社営業部に配属になった。日本に民間放送が誕生して三年半後、テレビが日本でスタートして二年後、民放の草創期と呼ばれた時期である。このときの支社営業部の副部長が、皆川荘一さんだった。

配属されて数日後、皆川さんから「ちょっと来てくれ」と声がかかった。デスクの前に立つと、ラジオ聴取率の一覧表が渡され、

「ここから何が読みとれるか、君なりに分析してくれ」

と申し渡された。

漠とした命令で、意図も目的もよくわからない。だが私は求められるものが何かをきちんと

確かめもせず、安直に一文をでっち上げて提出した。自分で読んでも、「これではダメだな」とおもうできだったが、どこをどうすれば聴取率表から何を読みとれるのか、見当もつかずに仕上げた一文だった。

その夜、皆川さんから誘いがかかった。連れて行かれたのは、有楽町のすし屋横町の一軒だ。狭い店のカウンターに腰を下ろし、酒とつまみを注文すると、皆川さんはこちらに顔を向け、皮肉な目つきでニコッと笑って、こういった。

「辻君、君のまとめたものにはがっかりした。あんなものなら、女の子でもできる。杉山繁男君なら、ちがう視点で必ず書くね」

いまなら「女の子でも」などといおうものなら、女性社員から総スカンを食うかもしれない。しかし当時はこんないい方は日常茶飯で、いわば常套句だった。また杉山君とは、私と同じ大学の同じ学部をでた二年先輩で、見るからに才気煥発なひとだった。私は反論も弁解もできず、赤面した。

やがて皆川さんは、話題を変えてこう聞いた。

「辻君、富士山の高さを知ってるかい？」

「三千七百メートルあまりですね」

「うん、三千七百七十六メートル。でも僕らの若いころには、三千七百九十六メートル、ゴロ合わせで、ミナクルシムと覚えた記憶がある。ところがいまの地図には、三千七百七十六メートルと書かれている。単なる僕の記憶ちがいなのか、それとも何かあって、高さが変わったのか。君なら知ってるかとおもって聞いたんだが」

その夜、皆川さんとは三時間くらい喋ったはずだから、話題は多分、多岐にわたったにちがいない。しかし覚えているのはそのふたつだけだ。何故だろう。ともあれ、私はこうして皆川さんの部下になった。

翌日には、稟議書を書かされた。こんな妙なものを書くのは、初めての経験である。どう書けばいいのか戸惑っていると、

「僕の若いころは候文で書いたものだぞ」

皆川さんから声がかかった。それならばと、候文で書き上げると、

「バカ！　冗談を本気にするな」

呆れた奴だという顔で睨まれた。冗談であることは、私にもよくわかっていた。にもかかわらず候文で仕上げたのは、何かムキになる気分と、ヤケになった気持ちとが、ないまぜになっていたせいだろう。おもえば私は、小生意気で扱いにくい若者だった。

このとき私はまだ試雇期間中で給料は八千円。これに毎月、三千円くらいの時間外手当がついた。試雇期間は三ヵ月間で、これが過ぎた七月からは給料は一万二千円になる。

学生時代、家から五千円の送金を受け、奨学金を貰い、それ以外にも多少の小遣いが入った身には、この給料では十分といえなかった。四月の初任給では、ツケを払うと給料袋があらかた空になり、母に小遣いをせびる羽目になった。五月もその点では同じだったが、四月とちがい東京勤務で、困ったことに母が近くにいない。

意を決し、給料の「前借」をすることにして、皆川さんのデスクに向かった。私は母から、新聞記者だった父が若いころ、「前借」を重ねていたことを聞かされていた。だからわりに軽い気分だった。だが、

「バカ! どうして〝前借〟なんて言葉を知っているんだ。それはダメだ! 入社したばかりの君に、そんなことは認められない。金がないなら、俺が貸そう」

と一喝された。

「それではお願いします。貸してください」

「うん、いいよ。だが俺は若いころ、先輩に、〝貸してほしい〟なんていわなかった。そんないい方は先輩に対して失礼だ。われわれの先輩は、返してもらおうとはおもっていなかったし、

俺たちも返すなんて失礼なことはしなかった」

そういいながら、お願いした額を貸してもらえた。多分、二千円、いまの貨幣価値に直せば、三万円くらい、あるいは三千円、いまの五万円くらいだったかもしれない。

それだけに返すときはひやひやした。また「失礼だ」と、怒られはしまいかとおもったのだ。しかし案に相違で、にこにこと笑って受けとっていただけた。以後、同じことは二度としなかった。愚かな私にも、そのくらいの分別はあったらしい。


皆川さんは小樽高等商業（現小樽商科大学）の出身。つまり小林多喜二や伊藤整などの後輩で、卒業後は満州電信電話会社に入社。放送の仕事に従事したが、そのときの同僚に森繁久彌がいた。そのことを、まわりの誰かが教えてくれた。

森繁久彌は当時すでに、人気抜群のトップスターだった。また伊藤整は、わいせつ文書の疑いで起訴された『チャタレイ夫人の恋人』の翻訳者であり、ベストセラーになった『女性に関する十二章』の著者だった。それだけに、小樽高商と聞いただけで、いささかの感慨をいだいたことを覚えている。

私が入社した新日本放送は名古屋の中部日本放送と並んで、日本の民間放送の嚆矢だった。

それだけに、民間放送に新天地を求めてきたひとたちが群れていて、新卒者と入り交って働いていた。前歴のあるひとのなかでもとくに多かったのは、NHKのレッドパージ組と元新聞記者、元出版社の編集者、広告代理店出身者、元高校の教師などであり、ちょっとした野武士集団の様相を呈していた。満州放送局の出身者は、大阪本社にはほかにもいたが、東京支社には皆川さんひとりだった。

満州放送局は半官半民の企業だった。その点でNHKとちがっていて、広告放送も手がけていた。だから皆川さんが入社試験を受けたときには、それを知る試験官が、これから発足する民放の電波料やスポット料金は、どのような考えのもと、どのように設定すればいいか、試験会場で質問することもあったらしい。つまり試験官が、受験生に教えを乞う一幕もあったようだ。

皆川さんはそんな思い出話を、有楽町界隈の縄暖簾で聞かせてくれた。つまり皆川さんに連れて行かれた店は、民放誕生当時の歴史を教えてもらえる教室であり、世間を知らない若者が、酒の飲み方を教わる場でもあった。私はこの皆川教室で二年間、かなり濃密に過ごした後、支社の報道部に異動した。やがて皆川さんご本人も、大阪本社に転勤し、以後お目にかかる機会はなくなった。

でもある日、一度だけ電話をいただいたことがある。いきさつは、こうである。

一九五九（昭和三十四）年一月、私は北海道のニセコアンヌプリでスキーを楽しんだ。当時ニセコにはリフトやロープウェイの設備がまだひとつもなく、スキー客はそれぞれにガイドを雇い、案内してもらって山に登った。

山の中腹まで二時間ほどかけ、ガイドを先頭にシールをつけたスキーで歩いて登る。そして中腹の広いゲレンデで二時間ほど滑った後は、往路のシュプールをたどって山を下りる。ひとによってはそれを、日に数回繰り返した。だが怠け者の私は、朝遅く目覚めて行動し、山には一度行って終わりにした。その後は宿の温泉でゆっくり過ごした。

ニセコで存分に楽しんだ後は、小樽に向かった。ここでも少し滑りたいとおもっていたし、美味しい寿司が魅力だった。「小樽高商の集い」の案内板を見かけたのは、このときだ。多分、学校にかかわる何か記念行事の立看板だったのだろう。見た瞬間、皆川さんの出身校だったことをおもいだして懐かしく、旅先の感傷にもそそられて、その夜、宿で葉書を書いた。横のラジオは、ケネディ大統領の就任演説を伝えていた。「松明はアメリカの新しい世代に渡された」と語ったあの演説だ。

東京に帰ってしばらくたつと、皆川さんから電話がかかってきた。

「葉書をありがとう。元気かね。メシをご馳走すると約束しながら、まだ果たしてないね。忘れたわけではないのだが、忙しくてね。でも東京へ行ったときに、何とかして実現させよう。待っていてくれ」

そんな意味の電話だった。しかし約束は果たされず、一九六二（昭和三十七）年、皆川さんは四十七歳で亡くなった。制作局次長という、まだ現役バリバリの若さでの逝去だった。

追悼の辞を、皆川さんの上司だった関亨は、こう書いた。

「秋雨の降る日、君にこの辞を書いている。頑固者の君が、最後にキリストの洗礼を受けて、小さなキリスト像をやせた細い手に固く握りしめているのをみたとき、私は涙がこぼれるのをどうしようもなかった。私自身は無神論者だが、そんな君の姿を、心の中で喜んだ。君のことだから天国への道を間違うことはあるまい。」

皆川さんの令息、純一君が毎日放送に入社したのは、この十年後のことである。そのことは噂で聞いて知っていたが、残念ながら部署がちがい、社内で会うことがほとんどないまま日は過ぎた。お父上の思い出話をすることも、むろんなかった。

その彼も先年、定年で社を辞めた。そして面白いことに、ともに社を去ってから会うことが多くなった。そんなある日、彼から「父が若いころに書いていた日記がある」と聞かされた。

新日本放送への入社が決まったころ、書いていた日記だという。「構わなければ読ませてほしい」とお願いし、先日それが実現した。

今回はその日記を引きながら、先輩の思い出を綴ることにする。


日記は私が想像していたより、ずっと短かかった。

記されているのは、一九四八（昭和二十三）年元旦から一九五一（昭和二十六）年四月までの三年あまりだ。だが途中が大幅に抜けていて、実際に日記帳に向かっているのは、ほんの十日ほどでしかない。その代わり、興に乗った日の記述は実に長く、日記を書かなかった期間のできごとまで詳しく記している。記述は万年筆で一気阿成に書いたらしく、訂正したり、消しているところは、ほとんどない。

読んでみて皆川さんが、書くことの好きな文学青年だったことを初めて知った。しかもまことに純粋で、やや感傷的。誇り高かった若い日の姿が浮かび上がった。これは私の知る豪放磊落な皆川像とは少しちがう。初めはやや戸惑ったが、それでも「やっぱりな」と納得させられるところもあり、興味深く読み進めた。

またおどろいたのは、幼い純一君の名前が、短い日記に頻繁に登場することである。そもそも日記を書き始めたのも、純一君に、自分の若いころを知ってもらおうとする願いに発している。そうした皆川さんを私の父と比べるのは可笑しいかもしれないが、私の父は逆に、自分の若い時代を話題にするのを好まなかった。そんな話になると、プイと話題を変えた。それだけに読みながら、時折「おやおや」と呟きたい気分になった。少し羨ましくもあった。

日記は一九四八(昭和二十三)年一月一日、「終戦後三回目の正月を迎え、転々、感慨無量のものが有る。」という言葉で始まっている。

この後の記述によれば、終戦後、一回目の正月は、旧満州、いまの中国東北地方のハルビンで迎えたとある。「白菊寮の六畳で発疹チブスの脳症に侵され乍ら、夢現の裡に苦しい苦しい敗戦国の避難民の一人として、病床に苦吟していた。」

二回目の正月は、無事引き揚げてきて間もなくで、郷里の家で迎えたものの、楽しいどころか、「精神的、経済的に全く逼塞を告げた、苦悩反転の正月」だった。

そして三回目の正月が、日記をつけ始めた一九四八(昭和二十三)年の正月である。

この日を迎えての感慨を皆川さんは、「純一の誕生、役人生活の第一歩、食へざる一八〇〇円ベースの切実なる体験。そして限りなき不安と不満と絶望的な飢餓生活」と表現する。

千八百円の給与とは、いかに終戦三年後とはいえ、あまりに安い。だが日記帳にはさまれている明細表をよく見ると、基本給は千八百円ながら、物価手当の九千円と地域給の三千六百円が加算され、支払額の合計は一万四千四百円。控除額は税金千五百八円、健康保険四百四十円、厚生年金百二十円で、手取り額は一万二千三百三十二円となっている。

この額が当時の給与レベルのなかで、高かったのか、安かったのかはわからない。ただ多くの日本人が、戦後の耐乏生活を強いられていたころであることを考えると、不満をいえない額のようにおもえなくもない。だが皆川さん本人は、決してそう考えてはいなかった。それはつい数年前まで満州で送っていた生活とのあまりに大きな落差のためだろう。だから「望みなき、その日暮らしの儚なさ！」と嘆き、「望みなきに非ず」と生活向上へのおもいを、心密かに燃やしていた。

すでにふれたように、皆川さんは学生生活を小樽高商で過ごした。日記にはその日のことも記している。

「小樽の日は尊かった。マルキシズムとマルクスに、首を突っ込みかけたあの頃の俺が懐かしい。学への憧憬を抱きつつ、紀久子への恋を燃やしていた緑丘の生活。北斗寮のあの一室に、〝緑丘三年の夢を秘めて大陸へ渡る〟と墨書して、想い出の丘を下ったあの日の青春。」

ここにある「恋を燃やした紀久子」とは、皆川夫人のことである。奥さんは確か妹さんの友人で、夏休みのキャンプで英語を教えたことが親しくなったきっかけだと、いつもの縄暖簾の店で聞かされた覚えがある。それにしてもそんなお惚気を聞かされたのは、そのころ女友達の問題でウジウジしていた私を励まそうと、「僕の若いころはこうだったよ」と話してくださったということだろう。

「学への憧憬」とある通り、小樽高商時代の皆川さんは、学者になることを夢見ていた。だから卒業後は、東京商科大学（現一橋大学）に進もうと考えていた。これは伊藤整と同じコースである。そのための勉強もした。しかし結局、就職を選択した。その理由を日記では、「今にして思へば（家庭の経済状態に対する）無用な、取越し苦労をして」と記している。

卒業論文は「配給組織の発展段階」で書き、「まことに学問的な論文」と指導教官から褒められた。米、酒、煙草など、生活必需品の大半が配給になり、一般市場で手に入れることが難しくなるのは、太平洋戦争が始まって以後のことであり、皆川さんが卒論をまとめていた時点では、配給制度はまだ本格化していない。それだけに目のつけどころが優れている。このことひとつからもわかるように、学生時代の皆川さんは、時代の流れを掴むのがうまい、目端の利く学生だったようである。

卒業後はすでに記したように、満電の試験を受け見事合格。この年、定期採用された大学高専卒業生のなかでトップであり、「希望が通って唯一人、放送課のフレッシュマンとして配属され、満州文化建設のために青春の日の情熱」を燃やす日が始まった。

また入社後の甲種職員への登格試験では、「多数用語の行わるる地域に於ける放送の在り方」と「満州放送政策を論ず」のテーマで論文をまとめ、これまたトップの成績で合格したのだそうである。

やがて満電は満ソ国境の重要地帯に、通信基地として管理分掌局を設置した。このとき皆川さんは、ハイラル管理分掌局の初代主査として、「有無線電信電話事業の経営管理と軍作戦通信の戦時態勢整備」のため赴任した。一九四四（昭和十九）年二月である。放送課勤務だった皆川さんにとって、有無線電信電話事業はいわば門外漢である。だが一年足らずで「全満第一の優秀分掌局に築きあげ、その年の綜合監察で〝その成績極めて優秀なり〟と賞状と金一封を貰う」にいたった。

順風満帆の日々が過ぎ、僅か三十歳でありながら「一国一城の主として、数百人の部下を掌握し、会社機構上の上部を手玉にとって、思う存分手腕を発揮」した。「会社への出勤には馬車が迎え」に来た。

しかし翌年八月、ソビエト軍が満ソ国境を越え、それまでの生活は一変した。

「日ソ開戦、不意の空襲、通信施設の爆破、ハイラル撤収、ソ軍戦車部隊の集団突破、終戦の勅命放送、武装解除、ハルビンでの避難民生活、発疹チブスで重態危篤、日本人会庶務課長、中国共産党ハルビン政府外事課との特殊な関係、祖国遺送業務のデリケートな外交交渉、引き揚げ途中での国民党側による生命の危険、長春における在満美国戦略情報部の訊問、内地上陸。」

日記では数行で語られる一年あまりだが、つらくきびしい日々が長くつづき、帰国できたのは終戦の翌年だった。それでもシベリアに連れ去られたひとたちに比べれば、はるかに幸せだった。「一連の記録は別に書き記す予定であるが」と日記にもある通り、激動に満ちたこの時期の体験を、皆川さんはやがて改めて書こうとしていたようだ。だがこれは実現できずに終わっている。

帰国後、皆川さんはいくつかの職を遍歴。ＮＨＫの甲府放送局に勤めたこともあったが、日記を書きだした一九四八（昭和二十三）年一月当時は、山梨県庁の渉外課に勤め、鬱々と楽しめずにいた。そのことが、こう記されている。

一月一日

一役人の端くれに連なって、行政手腕も政治力も人間味も全然ない属僚課長や、幇間的存在にしか過ぎない大馬鹿者の首席事務官、子供の様な無知無能な技術官僚の風下に列して、唯々諾々と下らぬ事務に精励している自分自身が余りにも可愛想であって、この痛々しい無惨の姿は、到底、純一や紀久子に見せられるものではない。

文学も音楽も哲学も宗教も学びたい。もう一度、書物を集めて、あの書棚の前に坐る楽しみを味わいたい。経済学を此のインフレーションの嵐の中で再び学び直してみることも、倦くなき学への憧憬の念の当然しからしむるところである。

一月三日

紀久子病む。悪性の風邪らしい。中耳が痛み歯が浮くと言う。久方ぶりに麦飯を炊き、純一のおむつの洗濯をする。純一、機嫌悪し。一昨日より便秘しているが、彼にしては珍しいこと。紀久子の曰く「余り無茶苦茶に餅と砂糖を食わせ過ぎたからだ」と。さもありなん。今日は一日中おさんどんをして暮らす。女の仕事も仲々楽でないことを、身を以て体験したわけではあるが、折角の休みをと思うと、残念。夜、ラジオで「二十の扉」を楽しみ、タンホイザー序曲、華麗なオーケストラの旋律を聴く。

俺には哲学がない。思想がない。若き日を哲学もせず、人生を悩むこともせず、平々凡々と浪費して過して仕舞った後悔の人生、三十年だ。本が読みたい。尾崎秀実著『愛情はふる星のごとく』、谷崎潤一郎著『卍』『細雪』、横光利一著『旅愁』、織田作之助、坂口安吾のもの。どれも高くて買えない。飯よりも好きな本漁りだが、此の頃では本屋の書棚をのぞいて見る気もなくなった。哀れなる生活よ。これが「最低の文化生活を保証する」ものか。新憲法よ、消えてなくなれ！

ノート八ページにおよぶこの日の長い記述のなかで、もっとも面白いのは、「今度何か思わざる金が入ったら」と書いた十項目だ。その一部。

一．クリーム地に赤い横線の三本入った十本入りのシガレットケースを買って、アメリカ煙草Ｃａｍｅｌをぎっしり詰めて、吸わないでいつもポケットの中にしのばせて置く。そしてワンハンドのライターも一緒に持っていて、滅多に使わない。煙草は一日に一服か二服。うまい外国製の刻みをブライヤーのダンヒルか三Ｂで、胸一杯吸い込んでみたい。儚い、下らない、俺の楽しい夢。何と安っぽい人生であることよ。

八．ニセコアンヌプリの頂上から温泉までスキーを飛ばし、あの男性的なスピードの快感を、一生の中、もう一度でいいから心ゆくまで味わって見たい。羊諦山が美しく神々しく輝いている白樺の林のなかでの直滑降！　純一が大きくなったら、二人並んでシュプールを刻むことにしよう。

十．家庭の安息、純一の笑顔。だがこれには金は要らない。

一月五日

東京へ出たい。東京に家さえあればと常に念願していたが、つらつら考えてみるに、甲府に居ることの利点の方が、どうも大きいらしい。こういう時代に於ける一八〇〇円ベースの経済生活では、実生活の充実が何よりのキーポイントだ。その点、甲府は苦しい乍ら何とかなる。芋でも麦でも米でも、多少サラリー外の余分の収入さえあれば、スムースに手に入るし、恵まれているのは、薪炭の入手が比較的容易なことだ。薪は裏山の県有林からの伐採で、労力さえ惜しまなければいくらでも自由に入手出来る。住の問題にしても、現在の東光寮は家賃が殆ど要らないし、狭い乍らも屋根と壁があるだけでも、まあ此の時代としては、いい方であるに違いない。

一月十八日

喜ぶべき純一の誕生日である。この日、現在の父として可能の限度に於いて、心から祝ってやるべく、予てからの計画通り細工町の母、姉、千鶴子の三人も招いて、スキ焼きと赤飯で祝膳。紀久子はチチハル以来、スキ焼きをはじめて食べたといって喜び、母や姉も満足そうであった。そして御本尊の純一もスキ焼きの肉を三切れも食べ、御赤飯を二杯も掻き込み、仲々御満悦の様子で、一日中、一度も泣顔を見せぬふりで、四畳半を狭しとばかり、キャツ、キャツと言い乍ら荒らし回っていた。二、三日前に張ったばかりの障子も既に四ケ所も穴を開けられて仕舞ったが、これも純一の成長の一年の成果であると、父らしい誇りと喜びとを感じつつ、叱からずに破らしておく、これ即ち親馬鹿の表象なり。


そしてこの後、皆川さんの日記は、三年間、空白になる。

その三年も、目まぐるしい日々の連続だった。

まず七ヵ月後の一九四八（昭和二十三）年七月には、イヤでたまらなかった山梨県庁を去り、新聞広告の募集に応じて、甲府市の企業に渉外課長で入社した。連合軍に木箱をおさめ、農業組合に果物箱をおさめるのが仕事であり、その外交を担当した。

ここで成果を挙げた皆川さんは、翌年二月には、同社の東京事務所に、営業部長として赴任する。今度は繊維製品を私鉄や官庁に納入するのが主な仕事だったが、一九四九（昭和二十四）年八月、共産党機関紙の「アカハタ」に、同社の国有物綿布の闇流しや贈賄の事実を暴露され、その後始末に奔走した。またＧＨＱ（連合国軍総司令部）や通産省（現経済産業省）、繊維貿易公団などを説いてまとめ上げた輸出契約も、インチキなバイヤーの手で一方的にキャンセルされ、宙に浮いた商品を、日本中の化学肥料工場や体育協会、私鉄連合、農協などに売りさばいて一件落着させるなど、慌ただしく始末にあたった。

そしておそらくはこうした一連のできごとの結果だろう。会社は経営上の危機に陥り、一九五〇（昭和二十五）年五月に解散。皆川さんは新しく立ち上げた会社の名ばかりの常務取締役になったものの、アプレ社長の不道義な経営姿勢についていけなくなり、八月から十月まで病気と称して欠勤。その後生活のためにいったん職場に戻ったが、不愉快で我慢ができず、一九五一（昭和二十六）年一月から再度欠勤。二月には収入のまったくない身になった。

このような体験を経た上で皆川さんは、同年三月、日記を再開。「中小企業主のあくなき搾取と享楽、通産官僚の腐敗、政党人の金銭欲、戦後青壮年社員の利己中心主義、詐欺と不正と収賄以外の何ものでもない戦後繊維業者の商取引の悪辣さ」と記し、「ああ、もう沢山だ。精神的というよりは、良心的に参ったというのが俺の現在の偽らざる本心だ。もう耐えられない。これ以上はどうしても耐えられない。」と書いた。

またさらに「ドタン場に追い込まれてからの転身はつらい。今現に、賢妻紀久子の営々辛苦して貯えた僅少の貯金を、なしくずしにして生きていることの、身を切られるような日々。しかし俺の良心が、教養が、良識が、職場への復帰を許さない。もっと早く要領よく転身すべきであったのかも知れない。いたずらに義理人情に束縛させられて、果断を欠いた性格の弱さと、生来の楽天主義を自ら悔いようとしても、切実感が身に泌みて湧いて来ない。何故であろうか。」とも記している。

このとき皆川さんは困り切っていた。貯えをとりくずす生活は、いつまでもつづくはずがない。だからといって、意に反する仕事はもう真っ平だ。ではどうするか。その最中に耳に飛びこんできたのが、民間放送設立と新日本放送誕生の動きだった。放送は皆川さんにとって、社会人の第一歩、いわば原点である。今後の人生を、そこに賭けようと考えたのは、しごく当然の帰結だった。

これをきっかけに日記も再開した。

皆川さんはこの時点で、新日本放送の論文試験にパスし、面接試験の結果の通知を待っていた。しかし待てど暮らせど、採用の通知は来なかった。それには事情があった。

新日本放送は毎日新聞をバックに、設立準備が進んでいた。サービスエリアは近畿一帯。これが実現すれば、一九二四（大正十三）年以来、二十七年もの間、ＮＨＫが独占してきた放送界に、新しい血を導入することになる。

この毎日新聞の動きが次第に明らかになるにつれ、当初、なりゆきを静観していた朝日新聞大阪本社も動き始めた。新日本放送が電波監理委員会に放送局開設の申請を提出すると、朝日新聞も急遽、朝日放送設立の構想をまとめて申請した。ほかにも数社、追随した。

事情は東京でも同じだった。多くの社が申請を提出して競合した。民間放送が伝統あるＮＨＫと伍してどこまで戦えるのか、誰にもわからない。しかし放送は魅力のあるメディアである。多くのひとがトライしようと企てた。だが周波数には限りがある。当時の受信機の多くはあまり上等ではないために混信の恐れがあり、貧しい日本の地域の現状を考えれば、一地区に多くの民間放送を認可したのでは、共倒れになる恐れもあった。政府は慎重にならざるをえなかった。

このため東京には二波、それ以外の地域には一波を認可する方針を立て、東京地区では、朝日、毎日、読売の新聞三社と、広告代理店の電通からでていた申請をひとつにまとめ、認可する方針をとった。こうして誕生したのが、ラジオ東京（現東京放送）である。

東京でこの方針をとった以上、電波監理委員会は、大阪でも朝日、毎日の両社の申請はひとつにまとめねばならないと考えた。

これに猛然と反対したのが、新日本放送の実質上の社長だった高橋信三常務である。彼は「朝、毎が激しく争ってきた大阪で、両社が一緒になって事業を進めることなどありえない」と強く反対し、一九五一（昭和二十六）年三月十六日から二十三日まで開かれた公聴会で、その主張を展開した。

公聴会の傍聴席には、関係者と新聞記者がつめかけ「異様な熱気がはらんだ」（南木淑郎『楊梅は孤り高く　毎日放送の二十五年』）。人々の関心はむろん、朝日と毎日の対決にあった。

つまり皆川さんが採用通知を待ちわびているころ、新日本放送はまだ誕生できるかどうか、あやうい岐路にあった。朝日放送と統合させられ、消え去る懸念もあった。もしそうなれば社員を採用しても、責任をとれないことになりかねない。採否の返事が遅れていたのはこのためであり、おかげで皆川さんのヤキモキは極限に達していた。

三月二十日

民間放送への憧憬は、俺に人生の本分を叩き込んだ放送事業への回顧と親近感とに押し上げられて、どうしようもないほど、強烈である。五百人の志願者の中に飛び込んで、第一次論文試験をパスした俺が、第二次面接試験で試験官に与えた印象は決して悪くはない。俺が人を採用する立場にあった経験から言えば、あの様に入社後の待遇について駄目押しをすることは、採用の意思表示と推察して間違いはない。

三月二十二日

大阪の矢野君から葉書が来た。落第の通知かと思ったが、俺の予想通り新日本放送が朝日放送との一戦でテンヤワンヤの大騒ぎのため、選考中絶というのが実情らしいとのこと。これで一先づ安心だ。朝、昨夜の夕刊に出ていた原稿筆記要員募集、一編四百円というのに応募しようと、進まぬ気持を奮い起こし阿佐ヶ谷迄行ったところ、既に「満員締切」の貼札が出ていた。此処にも世相の一断面がある。「厳粛な生活」の一つの典型がある。夕刻、風呂へ行って、雨宿りをしている時、一女性より声をかけられる。此の前も区役所の出張所で会って、どこかで見たことのある女だナと思った人。「皆川さんじゃありません？」と言われても、思い出せない。尋ねてみると、ハイラル放送局に居た女アナウンサーの石橋さん。奇遇なり。此の処、ＮＨＫ放送開始二十六周年記念番組で賑やかである。これも仕事の中と思って、毎日全部聞いている。これが役立つことを祈る。

三月二十三日

久方ぶりに落着いて読書三昧に耽り得る丈けの気持の平静が回復した。漱石の遺作『明暗』を読み上げる。扉の「皆川蔵書」という亡父の達筆が懐かしい。続いてヘルマン・ヘッセの『郷愁』を読み始める。紀久子から来信あり。純一も真弓も元気らしい。紀久子もさりげなく、大阪への期待を匂わせる。期待に副いたいものである。

四月五日

待望の採用通知来る！　我が人生計画の再建成る！　五百人中の二十人の一人として、生きる自信を再確認し得たり。我が国、民間放送のパイオニアとして、十年の閲歴に物言わせつつ、商業放送の番組の開拓に挺身することの幸福感よ。純一や真弓に対しても、父が誇り得る職業人であり得たことを、何より幸福と思う。紀久子にも並大抵でない心配と辛労をかけたが、彼女の内助の功にもいささか報い得たことを喜ぶ。それにしても、今日の日の吉報を待ち続けた過ぎし日の六十日間の憂鬱さよ。毎日、毎日、玄関口に速達を待つ身の苦しさは、想い出してもいらいらしてくる。学校を出て十年。放送以外の実生活を知らないで過ごしてきた俺の生きる途は、放送のみ。放送に復帰しうることの喜びは、俺以外には判らない。然もＮＨＫの封建性と官僚性に反撥し続けて来た俺としては、民間放送へのスタートは、青年の日の感激、北斗寮の床柱に「緑丘三年の夢を秘めて大陸に渡る」と墨書したあの日の感激にも比べうる。ああ、わくわくする嬉しさ、楽しさ、張り切って頑張ろう。

日記はこの日を最後に終わっている。「ＮＨＫの封建性と官僚性に反撥」とは、ＮＨＫ甲府放送局に一時期勤務したときの体験をふまえての実感らしい。

皆川さんは日記の最後の日付となった四月五日の僅か二日後、四月七日から新日本放送に出社。放送部試用として業務にあたった。

新日本放送がすべての準備を終え放送を開始したのは、この日から五ヵ月後の九月一日の正午である。同じ日、午前六時半には名古屋の中部日本放送も放送を開始した。これが日本での民間放送の第一声だった。

不思議なのは、両社が綿密に連絡をとり合いながら準備にあたったにもかかわらず、両社の放送開始時間がずれていることである。前夜にも新日本放送の小谷放送部長は、わざわざ長距離電話を申しこんで中部日本放送の鈴木重治放送部長と連絡をとり、「いよいよですね」と話し合っている。このときは、ともに同時間での第一声を考えていたはずである。だが事実はちがった。何故なのか。おまけに新日本放送はこの日、午前六時きっかりに「ＪＯＯＲ　みなさまの新日本放送でございます」のコールサインをだし、それを六時半まで五分おきに繰り返している（『毎日放送十年史』）。当然のこと、そのまま放送に入ることもできたはずなのに、本格的な放送の第一声を正午まで待ったのは何故なのか。これも興味深いテーマだが、ここではふれる余裕がない。

朝日放送も十一月には放送を開始した。

では「大阪は一波」としていた電波監理委員会の方針は何故変わったのか。

このころ時代は大きく動いていた。四月には戦後の日本に君臨したマッカーサー元帥が解任され、日本を離れて帰国した。加えて前年の六月には、朝鮮戦争が勃発し、日本の景気が大きく好転。当初心配されていた一地域に複数の認可をだすことによる共倒れの心配は激減していた。

この状況を背景に電波監理委員会は、急きょ、大阪地区にも二波の放送免許をだすことに方針を転換し、大阪に新日本放送と朝日放送が誕生する。東京にもふたつ目の民放局、文化放送が誕生した。
こうして「大阪では朝、毎の統合はありえない」としていた高橋信三のおもいは通り、皆川さんの新しい人生を開くことに結びついた。
なお当時、NHKは非公式に「商業放送対策本部」を設け、新日本放送（NJB）と中部日本放送（CBC）の将来展望を予測している。だした結論は、「CBCは半年もつまい。NJBは一年はもつかもしれない」である。しかし民放は予測に反して、三ヵ月目には黒字に転じた。時代のおかげもむろんあろうが、民間放送の社員の面々の努力あっての成果である。
そのひとりに、皆川さんもいた。
ここに皆川さんの入社後の辞令が数枚ある。これを読むと、
一九五二（昭和二十七）年五月二十四日　営業部整理主任
一九五三（昭和二十八）年二月一日　営業部整理課長
一九五四（昭和二十九）年十月一日　東京支社営業部副部長
と、とんとん拍子に昇進した軌跡が見えてくる。
しかしそんなことよりも目を引くのは、一九五三（昭和二十八）年一月一日付の、「自今月給壱万五千円也とする。但調整額金貳千円也を含む」とある辞令である。これでは、五年前の

山梨県庁のときと収入に変わりがない。「不安と不満と絶望的な飢餓生活」と記した折りの支給額は、一万四千四百円。そのときから五年も過ぎているのに、それより多いのは僅か六百円である。

しかし皆川さんに不満はなかったようである。そのことは二年後にお目にかかった私が証言する。このことが不思議であり面白い。仕事のやり甲斐が給料の安さを忘れさせたということか。あるいはそれとも、辞令に書かれた支給額以外に、多額の手当がついていたということか。

さて少し長く書きすぎた。最後にもうひとつ、エピソードを書いてこの小文を終えるとしたい。

私が東京支社営業部に赴任して二年後の一九五七（昭和三十二）年の初夏、私は東京支社報道部への異動を申し渡された。しかし「報道へ行くのはイヤだ」といって居すわった。交代人事だったので、報道から私に代わる人物がすぐに来たが、知らん顔を決めこんでいた。その間、報道からは毎日、誰かが来て、

「早く来てくれよ。そうしないと、泊まり勤務のローテーションがうまくくめなくて大変だよ」

と迫られた。その都度、「迷惑をかけて申し訳ない」と謝ったが、動こうとはしなかった。理由はとくにない。あえて探せば、たとえば政治家を、「あの岸が」とか「浅沼が」と呼び捨てにしている報道部の雰囲気が、傲岸におもえてイヤだったことくらいである。

しかし社会人になってすでに三年目を迎えていた私は、いったんでた辞令がとり消されることなど、ありえないのはよく承知していた。だが不思議なことに、私が変わらず営業のデスクで仕事をしていても、営業の先輩たちは何もいわない。そんなことで、

「あれっ、これはひょっとすると」

と期待をいだいた日もあった。

そうしたある日、新調の服で出社すると、池田久雄営業部長から声がかかった。

「おや、いい服だな。しかしネクタイが合っていない。俺が選んでやろう。皆川君も一緒に行かないか」

そういって、社の真向いにある洋品店に連れて行かれ、ネクタイを贈られた。そして、

「できたついでだ。メシでも食おうか」

そういって、レバンテという店でご馳走になった。食事の最中、ハタと気がついた。

「あっ、今日は人事異動の辞令がでて、ちょうど一ヵ月目だ。引導を渡されるな」

案の定、食事が終わると池田さんは、

「そろそろ報道に行ってくれ」

と切りだした。ネクタイをプレゼントされ、食事までご馳走になって、イヤとはいえない。私が「はい」と返事すると、皆川さんが、

「君は、この二年あまり、営業でずいぶん楽しんだはずだ。何か、土産をおいていけ。今日中に考えてくれ」

と命令した。

私は夕方までに一文を書き上げ、デスクの鏑木賢一さんに渡して、机の整理を始めた。書いたのは四百字詰め原稿用紙三枚ほどの企画で、「サチュレーションスポットの勧め」とタイトルをつけた。

このころラジオのスポットは毎日同じ時間に入れるというのが常識だった。たとえば阪急百貨店は十時直前に連日、「阪急百貨店は、ただいまから開店します」とスポットを流し、服部時計店（現セイコー）は正午直前に、やはり毎日、「服部時計店が、ただいまから正午の時報をお伝えします」と流していた。

この二社にとっては、毎日同じ時間にスポットを入れるのは意味がある。しかし他の社に

とって、毎日同じ時間であることの意味はとくにない。にもかかわらずそうしていたのは、毎日同じ時間に流すことで、習慣性を作り、印象を深めようとしていたのだろう。

私が書いた企画書は、そうしたラジオスポットの現状に疑問を呈し、「それよりも同じ日に、朝から夜遅くまで、何度も流す方が聴取者の印象に残って効果がある」と提案するものだった。「一日中スポットの雨を降らせ、聴取者に浸透させる」、そんなことを書いたような覚えがある。

ただこれは私の独創ではない。アメリカの雑誌に紹介されていたあちらの放送事情に、手もとにあったいくつかの資料を交え、もっともらしくまとめた作文だった。これが実現すれば、売れ残っている早朝や深夜のスポットを売ることができるとの計算も働いていた。

この企画はセールス用に書き直され、新日本放送東京支社が主催して毎月一回、広告代理店を招いて開いている会議で配付された。反響は大きく、スポットの売上は急増した。一ヵ月で私の生涯賃金に近いほどの収益が上がったらしいといえば、大袈裟だろうか。だが翌月には、ラジオ東京（現東京放送）、文化放送、ニッポン放送が（そしておそらく朝日放送も）、それぞれによく似た企画を売りにだし、新日本放送の独壇場は一ヵ月で終わってしまった。

それでも皆川さんはにっこり笑って、

「ありがとう。ご馳走するよ」

と声をかけてくれた。

私が小樽からだした葉書に電話をいただいた折、「忘れてないから」といっていただいた食事の約束は、このことを指していた。でもその約束は、皆川さんの逝去で叶わなかった。

いま私は皆川さんの日記に接して、感無量のおもいを味わっている。あの温顔が目に浮かび、「ちょっと来てくれ」の声が聞こえそうなおもいにかられる。


なお日記の引用にあたっては、仮名遣いなどをほんの少し、手を入れさせていただいた。

放送の神様　和田精

一九五五（昭和三十）年、新入社員の私が新日本放送（現毎日放送）の東京支社に赴任したとき、支社には「先生」と呼ばれる人物がいた。やや蓬髪気味、短い髭を蓄え、笑顔に力のある小柄な人物がその主だった。見たところ年齢は、私の父親より少し上。新日本放送が誕生して僅か数年の若い会社だけに、若者が圧倒的に多い社内で、抜きんでてご老体でありながら、現役ばりばりの精気を身にまとっている不思議なひとだった。

彼が世間から「放送の神様」と呼ばれていた和田精である。

私はお目にかかる前から、和田さんのことは少し知っていた。それというのも、井上靖が『貧血と花と爆弾』という作品のなかで、この人物を畏敬の念をこめて紹介していたからである。

だがその話に入る前に、和田が新日本放送に迎えられた当時の放送事情に、まず少しふれておこう。

敗戦後の日本の大都市が、焼け跡、闇市、浮浪児に象徴される風景にまだどっぷりとつかっているころ、日本の民主主義を確実なものにするという大義名分のもと、にわかに浮上したことのひとつに、民間放送の創設があった。推進者の中心にいたのは、日本各地の新聞人である。彼らは戦争中のＮＨＫが戦意高揚をあおる報道を行った責任を問い、民間放送がアメリカ同様、日本にも必要だと主張していた。

戦争協力の点では、いうまでもなく新聞も同罪だった。しかし音声によって大本営発表を伝えたインパクトは、活字で伝えたよりも大きかった。おそらくは、そのせいだろう。「放送をＮＨＫだけに任せておくべきではない」との意見は、説得力をもって世間に受け入れられていた。

またそれとはまったく別の立場で、民間放送の設立を強く提唱する人たちもいた。松前重義逓信院総裁をトップとする逓信院の官僚たちである。彼らは連合国総司令部（ＧＨＱ）の意向を忖度し、「ＮＨＫと民間放送との併存を日本側から申しでることが、これまでの放送制度を残すための早道ではないか」と考え、民間放送の創設を申しでていた。彼らはつまりＮＨＫを温存したいが故に民間放送を作ることにし、そのプランをＧＨＱにもちかけていた。

ところが意外なことに、ＧＨＱは一九四七（昭和二十二）年に「ファイスナーメモ」がでてくるまでは、民間放送の創設には消極的な姿勢をとっていた。占領政策を効果的に進めるには、ＮＨＫを積極的に活用するほうが得策だと考えていたからだといわれている。それに民間放送が誕生するとなれば、そちらも検閲しなくてはならなくなる。それが面倒だという事情もあったらしい。

こうしたＧＨＱの政策を一変させたのは、先にふれた「ファイスナーメモ」である。ＧＨＱの民間逓信局調査課長だったクリントン・ファイスナーが作ったメモで、ここには「日本の放送制度として、ＮＨＫのほかに複数の民間の放送事業者の存在を認めることが望ましい」と、これからの日本の放送制度の骨格が示されていた。

となるとコトは急ぐ。一九五〇（昭和二十五）年にはこのメモにもとづき、電波法、放送法、電波監理委員会設置法からなる電波三法が制定され、民間放送立ち上げの条件が整った。このあたりの経緯については、『テレビの未来と可能性～関西からの発言～』（大阪公立大学共同出版会）のなかでの上智大学音好弘教授の論考や、『〝日本テレビ放送網構想〟と正力松太郎』（三重大学出版会）での読売テレビ神松一三氏の記述などに詳しい。

こうしてＮＨＫとは異なる「国民に寄り添った新しい放送」を作るという理念を掲げた民間

放送設立の動きは急速に高まり、その準備が始まった。この「新しい放送」を目指すという考え方は、私が入社したときの社の名前が、毎日放送ではなく「新日本放送」だったことにも、端的に表れている。

だが理想を掲げるのは簡単でも、実行するとなると難しい。半世紀にわたって放送といえばＮＨＫしかなかった日本で、突然それとは別の「新しい放送」を立ち上げるといっても、雲を掴むような話である。一九五一（昭和二十六）年一月、毎日新聞の事業部長から新日本放送の放送部長として赴任してきた小谷正一は、何から手をつければいいかで悩んでいた。

新聞時代の小谷は、さまざまな事業を成功に導いたアイデアの持ち主として知られていた。だが放送についてはまったくの素人だ。どのような番組を作れば、聞いてもらえるのか、ＮＨＫよりも支持される放送局になれるのか。いくら考えても、答えはでない。答えをだすには、やっぱり放送の専門家の助言が何より重要だと小谷は考えた。

『貧血と花と爆弾』では、そう考えた小谷（作品のなかでは木谷）が、「自分に協力してくれる専門家を推薦してほしい」と、ある人物に相談を持ちかけたことが語られる。すると、「一人いる。が、気難しいで」との前提で名前が挙がったのが、和田精（作品中では山根太郎）だった。彼はつづけていった。

「俺は話をしたことはないが、あれは演出でも効果でも、擬音でも、調整でも、舞台装置でも、何でもやるたいした人物だ。放送の神様だな」「なにしろ持っているものが、桁外れている！」

小谷は、この「桁外れている」に少しひっかかりながらも、上京して和田を訪ね、一目でこれは本物だと感じとった。文字通りの一目惚れである。そして「燃え上がらせれば幾らでも燃え上がって、どこまでも走っていくに違いない機関車のようなもの」を持つこの五十八歳の放送人に、是非とも協力してほしいと要請した。すると和田は、

「年齢を取り過ぎましたよ。もう十歳若ければ陣頭でも奮戦しますがね」

承諾する気配は見せずに、笑って答えるのだ。だが小谷は引き下がらず、和田はその熱意にほだされて、やがて新日本放送に入社した。

和田が初めて放送にかかわったのは、このときから二十六年前、一九二五（大正十四）年である。この年、放送を開始したＮＨＫ東京放送局は、日本で最初のラジオドラマ「炭鉱の中」を制作した。脚本は築地小劇場にいた小山内薫が担当した。彼は「ラジオドラマは芝居でない。映画でもない。空中を舞台に演じる新しい芸術だ」と考えていた。「炭鉱の中」は、その小山内がイギリスのＢＢＣが放送したリチャード・ヒューズ原作のラジオドラマにヒントをえて、

書き上げたものだった。

炭鉱事故のため、狭い坑道に若い男女と、ひとりの老人が閉じこめられた。地下深い暗黒の世界に、激しい勢いで水が溢れる。この極限状態のなかで、彼らはどう振る舞うのか。ドラマの主役は、役者のセリフと、暗黒の坑内に噴出する水音である。この水音を担当したのが、築地小劇場で「音響効果」や「舞台効果」という言葉を生みだしていた和田だった。

日本放送協会が編纂した『20世紀放送史』には、ドラマの爆発音は、ピアノと太鼓を使って創りだせたが、「困ったのは水の吹き出る音」だったと記されている。

マイクの近くに水をいっぱい入れたたらいをおき、火吹き竹で吹いて水音を創ろうとしたが、ボコボコというだけで迫力がない。試行錯誤の末ようやく、「酸素ボンベの口金を水中で緩め、水が沸騰するようなリアルな音」をだすことに成功した。この工夫をしたのが和田だった。スタジオのなかは、水浸しになったとある。

このときの様子を和田自身も、日本放送協会が編纂した『放送夜話』のなかで、「とにかく狭いスタジオですし、マイクロホンがひとつしかない。全部マイクロホンの前で工作しなければならないし、俳優も近づいたり、遠ざかったりして、遠近をつける。その狭いスタジオの中で爆発音もやるし、水の出てくる音も出さなければいけない。(略)いまのように録音もなくナマの音ですから、いろいろと一週間ぐらい毎日愛宕山へ通って準備をしました」と語っている。この「マイクが一本しかない」に、当時の放送事情が凝縮されている。当時のマイクはそれほどの貴重品であり、役者はその前に近寄ったり遠ざかったりして演技していた。

「炭鉱の中」は、「この放送は電気を消してお聞きください」という冒頭のアナウンスで始まった。これは「電気を消し、暗黒の炭鉱をともに体験しながら、聞いてください」というメッセージだった。このときNHKのスタジオがある愛宕山から見ていると、アナウンスとともに、東京の街の灯がひとつまたひとつと消えていくのが、よく見えたのだそうである。私の大好きな放送初期のエピソードだ。

このようにして放送とのかかわりを持った和田は、築地小劇場が分裂、消滅した一九三〇(昭和五)年、当時NHKの大阪放送局(JOBK)で放送部長をしていた煙山二郎に何度も請われてBKに入局し、ラジオドラマの音響効果と演出を担当して、新しい技術を次々に開発した。そのことがNHK近畿本部芸能部がまとめた『BKドラマ年表』に詳しく記されている。

だが一九四四(昭和十九)年三月、吉川英治原作、菊田一夫脚色の「三国志」を、東野英治郎、小沢栄太郎などの出演で制作、放送したころから日本の敗色は濃厚になり、おそらくはそのせいだろう。全力投球できる番組との出会いが少なくなって退局。東京に戻ってからも、これという熱中するものに恵まれないまま、いたずらに歳月を過ごしていた。

それだけに小谷からの誘いは嬉しかった。いったんは断ったものの、番組作りの魅力には抗しがたい。和田は一大決心のもと、五十八歳で新日本放送（ＮＪＢ）に入ると、過去数年間の鬱屈したおもいを一挙にとり戻すかのように、音の世界での冒険を楽しんだ。

たとえば、「ＮＪＢホール」の第一回作品として放送した「陶淵明の帰去来の辞によるバリエーション」では、詩人の野上彰が「帰去来の辞」を現代詩に作り直し、番組の最後では朝倉万紀子が、「帰去来の辞」をブルースで歌うという趣向を盛りこんだ。

また芸術祭や民放祭にも、毎年参加して賞をとった。

まず開局翌年の一九五二（昭和二十七）年には、「みずうみ」で民放祭の作品賞第一位。翌年には武者小路実篤原作のドラマ「花は満開」で芸術祭奨励賞。その翌年にはラジオバレエ「カルメンシータ」の演出で芸術祭文部大臣賞を受賞した。

この「カルメンシータ」の制作時の内輪話を、私は制作スタッフのひとりだったある先輩から聞いたことがある。

作品がどうしても時間内におさまらず苦労していたときのことだ。見ていた彼がおもわず、

「このセリフをつまんではどうでしょう」と提案したところ、「台本は長い話し合いの末に、まとめ上げたものです。それを簡単に変えてはいけません。時間内におさめられないのは演出の責任なのですから」と諭されたのだそうである。彼はこの言葉を生涯守った。

後年私は、作曲家の武満徹や詩人の谷川俊太郎から、「あのころ僕らは、新日本放送東京支社のスタジオに入り浸っていました。番組にかかわるのは、実に刺激的で楽しい体験でした」と聞いたことがある。

誰もが指摘するように、和田は優れた芸術家であり、類まれな職人だった。だがそれだけでは武満や谷川をはじめとする才能豊かな若者が、あれほど和田にひかれることはなかったろう。和田の本当のすごさは、過去の放送の常識をぶち壊すような試みに、失敗を恐れず次々にトライしたことにあった。

功成り名遂げた老大家が、「マンネリズム」とか「思想の欠如」などを指摘され、若者から貶められるのは、よくある図式である。だが冒険心に満ちた和田の場合は、それとはむしろ逆で、挑戦者の一面を持っていた。そのことが好奇心旺盛な若者たちを刮目させていたのだろう。

加えて和田は優れた耳の力を武器にしていた。井上靖は先に紹介した『貧血と花と爆弾』のなかで、アナウンサー試験の場を覗きに行った小谷が、見た情景をこう紹介している。以下、原文からの引用だ。

木谷（小谷）が入って行った時、二十二、三歳の青年が山根（和田）と向かい合って腰かけていた。

「君、奥歯がないね」

と山根が言った。

「はあ」

「二本くらい？」

「はあ」

とその青年は頭を掻いた。

替ってその次の青年が来ると、

「いつ扁桃腺切ったの」

と彼は言った。

「中学の時です」

と少し怪訝な顔をしてその受験生は答えた。

木谷は、山根の審査振りが面白かった。人間の声に対して、彼は実に驚くべき判断力をもっていた。


このような優れた耳の持ち主だけに、和田は手抜きの仕事をするとたちまち見破り、やり直しを命じていた。私は西田賢次郎という先輩から、こんな話を聞かされたことがある。

一九五二（昭和二十七）年の民放祭で作品賞第一位になった「みずうみ」を制作したときのことである。西田は音響効果団の一員として、スタッフの末席にいた。

「みずうみ」は、十和田湖で死んだ若い男女のそれぞれの家族が、湖にボートを浮かべて、彼らをしのんで語り合うという設定のドラマである。原作者の八木隆一郎は、宇野重吉、山本安英、奈良岡朋子らのセリフが、湖の水と深い霧にとけこんで、一体化する静かな世界を描きたいと願っていた。となると大事なのは効果音だ。和田はそう考えた。

作品の末尾近くには、亡くなった若いふたりのために、家族が釣り上げたフナを、湖に戻すシーンがある。

「この音を録ってきてくれ」

ある日、和田はそう命じた。西田たちもこれが、作品の掉尾を飾る大事なシーンであることを十分承知している。それだけに千葉県の池で、騒音のある昼間はさけ、深夜、池にはねる魚の水音を録ることに専念した。だが藪蚊がひどく、とても落ちついて収録できる状態ではない。一晩で音を上げた一行は一計を案じ、魚屋で魚を買って、大きなたらいに放つことにした。初めは魚には台本通り、フナを使うことにしていたらしい。ところが魚屋で見るとフナは結構高い。代わりに安い秋刀魚を一山買い求め、その秋刀魚を一匹ずつ、たらいに放りこんで収録した。なかなかいい音が録れたと西田たちはおもい、その夜は秋刀魚のおかげで浮いた金で、ささやかな酒盛りをした。

しかし意気揚々と帰社し、その音を和田に聞かせると、

「おや、これは池じゃないね。たらいだね。おまけにずいぶん長いフナだね」

たちまち見破られる羽目になった。その体験を西田は語り、「すごいひとだよ」といって目をしばたたかせた。

その和田から私がおもいがけず声をかけられたのは、入社から数ヵ月たった一九五五（昭和三十）年の夏である。ここからは私と和田の話である。和田さんと呼んで話を進めよう。

このころ和田さんは、秋から始まる月曜日から土曜日までの帯の子供番組、「ターザン」の制作にあたっていた。放送時間は夕方の五時四十五分から六時までの十五分。ターザン役には当時人気のロイ・ジェームスを起用した。

このドラマでもっとも腐心したのは、ジャングルに響き渡るターザンの叫び声だった。和田さんはこれを母音を配した「ウオアエイ……」で表現することにし、初めは相模湖畔で、ロイ・ジェームスの声で収録した。しかし上品過ぎて面白くない。そこで当時日本一大きな声の持ち主といわれていた歌手の牧嗣人を相模湖畔に連れだし、同じ叫びを収録し、これをさらに大音量で再生して録音した。おかげで相模湖畔の住人は、時ならぬ全山にこだまする雄叫びに、肝をつぶすことになったらしい。いまならクレームがついて、大騒動になるところだ。だが当時の住民は、ラジオの収録だとわかると、面白がって許してくれた。おもえばありがたい時代だった。

またターザンと格闘するゴリラの声は、牧嗣人の叫び声を逆回転させて作り上げた。この番組は子供たちに大人気で、一年半継続した。

おそらくその仕事が軌道に乗って、和田さんがほっと一息ついているころだったろう。私が一週間ほど休暇をとって、夏山に行き、真っ黒に日焼けして出社すると、目敏く見つけて、

「君、山にでも行ってきたのですか。ずいぶん焼けましたね」

と声をかけられた。

「はい、北アルプスに……」

「そうですか。山か、懐かしいな。最近の山はどうですか。少し話を聞かせてくれませんか」

連れて行かれたのは銀座の喫茶店ウエストだった。ずいぶん長い時間、話を聞かれたことを覚えている。

スタジオでの和田さんはきびしいことで有名だった。だから皆、ピリピリしていた。『毎日放送十年史』に所載の座談会「悪条件にうち勝った気迫～開局前後の制作を語る～」を読むと、並河亮との間で、開局当時の思い出がこのように語られている。

並河　上から下まで精神的な連携が全員を動かしていたという気がするなァ。東京には和田精さんがおられるし、こわい先生ですからね、インチキができない。

和田　こわくなかったと思うけどなァ。（笑）

並河　こわかったよ。実際の仕事の面ではね。放送の鬼だと思ったね。それに応えてわれわれも大張り切りでやった。

和田　空気がＮＨＫと大分違うからね。

並河　だからうまくおだてられてね。（笑）

ＮＨＫ時代からつきあいの深い並河亮が怖がるくらいだから、若いスタッフが恐れたのは無理もない。並河亮はいまは亡き写真家、並河萬里のお父上だ。

だが制作畑にいたことがない私は和田さんとご一緒に仕事をすることはなく、だから怖さを味わったことも一度もなかった。ウエストで話しこんだ日にいたっては、和田さんは終始にこやかで、ご自分が山に登った若い日の話まで聞かせてくださった。そのあげく、

「君の家はどこですか。世田谷区の下代田？　それじゃわが家の近くだね。どうぞ遊びに来てください」

となり、お言葉に甘えてうかがうと、大学生がひとり、お宅にいて紹介された。和田さんの坊ちゃんは、ひとりが後に毎日映画社に入社した和田景彬さん、もうひとりが日本を代表するイラストレーターの和田誠さんだ。そのどちらに紹介されたのかは、いまとなってはわからない。

その日は午後の時間いっぱいを和田家で過ごしたのだから、話題は多岐にわたったにちがい

ない。だが何を話したかも覚えていない。

その後、民放祭などで、どの作品を出品するか、社内の選考会が開かれるとき、私の作った録音構成があると、和田さんが強く推してくださると聞いたことがある。

席上、「どうして辻君の作品の方が、いいのですか」と別の社内審査員が質問すると、「どうしてと聞かれると困るが、何となく、こちらの方がいいじゃありませんか」と答えられたと、風の便りで耳にした。「まさか」とおもうのだが、真偽のほどはつまびらかでない。

和田さんの仕事で、いまでも記憶に鮮烈なもののひとつに、一九五六（昭和三十一）年春ごろに手がけておられた、花を主題にしたメルヘンチックな十五分の帯番組がある。「ターザン」が成功したのを見届けた和田さんは、「次はこの番組」と考えておいでのようだった。

ある日、作られたオーディション版を聞かせていただくと、詩情あふれるしっとりとした作品で、音が躍動していて、何ともいえず魅力的だった。

私は興奮してこの番組を聞き、放送すればまちがいなく大きな反響を巻き起こすだろうと考えた。だが残念ながらこの企画は、オーディション版が作られただけで、陽の目を見ることなく消えてしまった。放送枠を確保できないのが、理由だと聞かされた。

このころは、まだラジオの全盛期だった。一九五三（昭和二十八）年には、ＮＨＫと日本テレビがテレビの放送を開始。ラジオ東京（現東京放送）も、一九五五（昭和三十）年からテレビの放送を始めていたが、テレビの受信契約台数は数十万台でしかなくてまだマスコミではなく、放送の主流といえば、受信機が一千万台を超えるラジオだった。それだけに、しかるべき時間帯はすでに完売しつくしている状態で、しかるべき時間帯で新しい帯番組をスタートさせることは、とても難しいのだと説明された。

聞いてがっかりしたのを覚えている。

和田さんが社を引かれたのは、そのころからほぼ五年後の一九六一（昭和三十六）年九月である。その直前和田さんは、どんな心境の変化によってだろう。初めてのテレビドラマ「花は同じからず」の演出を手がけ、ここでも新機軸を盛りこんでわれわれをびっくりさせた。だが七十歳を目前に控え、おそらく、

「もう十分やった。あとは若いひとに任せよう」

とお感じになるところがあったのだろう。やがて静かに身を引かれた。

その後は、芸術祭の審査員などをされていると聞いていたが、お目にかかる機会はなく、日が過ぎた。

訃報が飛びこんできたのは、一九七〇（昭和四十五）年四月である。享年七十七歳だった。お宅に駆けつけ、お通夜と葬儀の手伝いをした。

だがそれからしばらくたって、当時『話の特集』の編集長をしていた矢崎泰久に出会うと、初対面だったが開口一番、

「辻さんは、この間の和田精さんの葬儀を、手伝っておられませんでしたね」

といわれびっくりした。

「していましたよ。矢崎さんも行っておいででしたか」

「僕は和田誠の友人ですから、うかがって手伝いました。そして〝おや、毎日放送の人がほとんど来てないな。冷たいな〟とおもったのです。でも、ちがいましたか」

そんな会話を交わしたことを覚えている。

築地本願寺和田堀廟所で行われた和田さんの葬儀は、すべて毎日放送が設営した。九年も前に退社した人物の葬儀を、社が仕切るのはきわめて珍しい。ここにはまちがいなく「われわれの和田さん」のおもいがあった。だがそうであっても時代の推移とともに、社内はラジオ主流からテレビ主流に代わっていた。東京支社のスタジオでラジオドラマを作っていたことも昔話になり、かつて和田さんのもとで仕事をしていたひとの多くは、すでに東京にいなかった。大

阪に転勤してテレビの仕事に携わったり、社を辞めたりしていた。三顧の礼で迎えられたころから、すでに二十年がたち、招いた張本人の小谷正一も、とっくの昔に社を去っていた。だからお通夜や葬儀に駆けつけた社員の多くは、和田さんに直接育てられたひとたちではなかった。矢崎の指摘はそれを鋭く感じとっての言葉だったのかもしれず、その意味で正鵠を得ていたのかもしれなかった。

時の流れは容赦なく無情である。和田さんの逝去からさらに五十年近くが過ぎ、いまやラジオどころかテレビまでが、影の薄い時代を迎えている。かつて糸を紡ぐように丁寧に作られたラジオドラマが、タイムテーブルからほとんど消えてしまったように、「放送の神様」と呼ばれていた和田精の名前を知る放送人も少なくなった。それはかつて和田が在籍した毎日放送やＮＨＫでも同じだろう。

だがそうであっても、その昔、和田さんという挑戦者がいて、あの手この手を使って貪欲なほど執拗に、放送の可能性を探っていたことや、そうした先人たちの努力のおかげで、いまの放送があることだけは、忘れてはいけないとおもうのだ。

ところでこの一文を書くにあたって私は、友人のＮＨＫ ＯＢの大塚融に知恵を借りた。すると彼はおどろいたことに、

「和田さんの胸像が愛宕山の放送博物館にあることをご存知ですか」

といいだした。

「それって同じ和田さんでも、和田信賢の胸像じゃありませんか」

私が聞くと、

「いいえちがいます。和田精の胸像です。いまは倉庫に入っているようですが、見に行きませんか。僕もご一緒しますよ」

というのである。なかなか魅力的なお誘いだが、まだ実行には移せていない。

日米衛星中継で伝えたケネディ暗殺

今年（二〇一四）も正月から春にかけて、友人や友人の奥さんの訃報が相次いだ。そのひとりに、前田治郎がいる。彼は初めての日米衛星中継でケネディの暗殺を伝え、日本のテレビ史上に大きな足跡を残した男だが、いまでは名前を知るひとはほとんどいない。それも残念なので、今回は彼の話を書くことにした。だが何ごとにも順序がある。彼がどんな仕事をしたかは、後でゆっくり述べることにし、まずは彼とのつきあいを手短に記したい。

彼と私は新日本放送（現毎日放送）の同期入社だ。

私たちがそろって放送人の仲間入りを果たしたのは、一九五五（昭和三十）年。ただ彼は昭和三年生まれで私より五歳年上、学年では早生まれの私より四年上で、初めて会ったときからその分、大人の風格を身につけていた。大学を卒業してすぐに入社した私とちがい、彼は陸軍幼年学校などを経て、一九五一（昭和二十六）年、同志社大学を卒業後、商社に勤めた後、転身して新日本放送に来た。

このころ大阪ではまだ、民放のテレビ放送は始まっていなかった。だから放送といえばラジオであり、新日本放送は日本で初めて波をだした民間放送という歴史を持ちながらも、社員数三百人ほどの小さなラジオ局だった。

にもかかわらずこの年は、十人の新入社員を採用した。どういう考えで、そんな大盤振る舞いをしたのかはわからない。だがおかげで未曾有の就職難のなか、百倍ほどの競争をくぐり抜け、私たちはめでたく仕事にありついた。

新入社員十人の内訳は、アナウンサー五人、技術職二人。一般職が三人。一般職とは入社後、制作、報道、営業、総務、経理、どこに配属されるかわからない、何でも屋としての採用である。前田さんはアナウンサー、私は一般職としての入社だった。

アナウンサーには標準語をきちんと話せることが何よりも求められる。それもあってのことだろう。この年入社のアナウンサー五人のうち四人は、いずれも東京の大学の出身者だった。そのなかでたったひとり前田さんだけは、関西の大学で学んだが、それでも生まれは東京だった。

だがその前田さんのアナウンサー時代は、僅か三年と短かった。何故辞めたのか、理由は知らない。寝坊して朝のニュースを飛ばしてしまったことがあり、それが一因になったのでは、というひともいるが、はっきりしない。

その種の失敗は当時は誰もがやっていた。テレビ時代になってからのことだが、私もニュースの時間が始まったのに気がつかず、テレビに映ったタイトルを見て、慌ててサブに駆けこんだこともある。このときは技術さんがカバーしてくれていてコトなきをえたが、アナウンサーの場合はそうはいくまい。かなり落ちこんだろうと察しはつく。

ラジオ時代には、私はもっとひどい事故も起こした。ナマ放送で時計をうっかり見まちがえ、番組を五分も早く終らせてしまったのだ。おかげでその日の放送終了まで、後続のすべての番組に、「都合により、今日はこの番組を五分早く始めます」とクレジットがつくことになってしまった。いまのようにナマ番組が多ければ、五分くらい、どうということもなかろうが、当時はほとんどが収録された番組の再生で、融通が利かなかった。おかげでそんなアナウンスを繰り返し聞くことになり、穴にでも入りたいとはこのことだと、つくづくおもった記憶がいまでも鮮烈だ。

いや、前田さんから話がそれた。

話を戻すとアナウンサーを辞めた彼は、テレビの教育番組を担当する教育部に配属され、いつも忙しそうに社内を小走りで歩いていた。やがて一九六三（昭和三十八）年、ニューヨークに赴任。それ以降は国際部や国際室で得意の英語を駆使して活躍した。

私は英語で困ることがあれば、いつも躊躇なく前田さんにお願いした。彼はどんな依頼にも気軽に応えてくれ、まことにありがたい僚友だった。毎日放送がマニラに支局を開設することになったときにも、報道にいた私は前田さんにマニラまで同行していただき、現地で生じたすべての雑用の処理をお願いした。

彼は定年で社を辞めた後は、社の特別顧問を務めるかたわら、神戸学院女子短期大学の教授になったが、

「忙しい、忙しい」

の口癖は変わらなかった。

ではあっても、私たちが開いている同期会には、数年前まで欠かさずに出席し、楽しんでくれていた。会場は毎年、心斎橋のフグ屋さんと決まっている。ここはやはり同期生の元アナウンサー、井上光央の配偶者の実家である。

会は毎年一回。顔を合わせて、

「やあ、元気そうだね」

と久闊を叙した後は、一年分のお喋りである。賑やかに笑い、食べ、飲み、話題は次から次へと広がっていく。前田さんも負けずに声をはり上げた。

だが四、五年くらい前から、前田さんは突然顔を見せなくなった。やはり同期の元アナウンサー、宇多光雄が心配して電話をすると、

「いやあ、君も、もうしばらくすればわかるだろうが、この年齢になると、いろいろ具合の悪いところがでてきてね、行って迷惑かけることになっちゃいけないから、失敬したんだ」

と欠席の理由を語り、皆の顔を見るチャンスを逸したことを残念がっていたとのことだった。

そう聞いても私はあまり深刻に受けとめずにいた。あの元気な前田さんでも、八十歳前後には変調をきたすのだと軽く受けとり、やがてまた出席してもらえるものとおもいこんで、見舞いにも行かずにいた。

それだけに訃報が届いたときにはおどろいた。翌日には新聞各紙でも報じられたが、そこには「お通夜と葬儀は身内だけで行う」と記されていて、参列していいかどうかでもやや迷った。でも「同期の者が行かなくてどうする」と、心を励ましてお通夜にうかがうと、式場の入り口近くに机がおかれ、そこにアルバムが三冊並んでいた。

開くと一冊目には、アナウンサー時代の若い写真がおさめられていて、「青空会議」にかかわる写真もあった。

青空会議とは、新日本放送が東京の文化放送、名古屋の中部日本放送と結んで放送した三元の街頭録音だ。私も一時期、企画担当としてかかわったことがある。

この街頭録音という番組様式に、戦後まずとりくんだのはＮＨＫだ。それまでスタジオに閉じこもっていたラジオが街に飛びだし、街角で市民の声を拾って伝え評判になり、戦後の人気番組のひとつになった。

これを真似て、ＮＨＫよりかなり遅れてスタートしたのが「青空会議」だ。だがＮＨＫがひとつの会場で市民の声を拾っていたのに対し、青空会議は毎回、東京、名古屋、大阪の三つの会場で市民の声を聞くことに特色をおいた。おかげで地域のちがいによる意見の濃淡がよくわかり、ＮＨＫの街頭録音とは一味ちがう番組になっていた。これを海野光雄アナウンサーのサブとして、担当していたのが前田さんだ。第一回のテーマは「吉田内閣は退陣すべきか」だった。

やがて街頭録音は受難のときを迎える。収録する会場に特定の意見を持つグループがおしかけてマイクを独占するようになり、これが原因でＮＨＫは番組を打ち切った。だが青空会議は三元だけに、東京で特定のグループがマイクを独占しかけると、名古屋を呼んで話題を変える、大阪を呼んでマイクを渡すということが簡単にでき、最悪の事態をさけられていた。

しかしその青空会議もやがて幕を閉じた。テレビ時代を迎え、ラジオの番組に時間とお金をかけることが難しくなっていた。前田さんがアナウンサーを辞めたのも、おそらく同じころだったろう。飾られていたアルバムの写真は、そのころをおもいおこさせてくれて懐かしかった。

その横にはさらに二冊のアルバムがあり、ここにはたくさんの切り抜きやコピーが、やや乱雑におさめられていた。パラパラとページをくると、日米を初めて結んだ衛星中継で「ケネディ暗殺」を伝えた前田さんの仕事ぶりを伝える新聞や雑誌の記事、さらに前田さん自身が書いた文章などがはさまれていた。

前にふれた「お通夜と葬儀は身内だけで行う」との新聞記事のせいだろう。式場には、社の関係者は誰も来ていなかった。おまけに少し早く着きすぎたこともあり、私はアルバムにはさまれた記事をゆっくり読んで、開式までの時間を過ごした。

読むうちに、当時のさまざまなことをおもいだした。前田さんのした仕事は、私自身の仕事とも、ほんの僅かだが重なっている。その意味で彼がこの世を去ったことは、私の過去の一部が消えたことでもある。そうおもいつつ眺めていると、前田さんがアルバムから飛びだしてきて、「やあ」と呼びかけてきそうな気分になった。

手短に書くつもりだった私と前田さんとの交わりのくだりが、長くなった。そろそろ本題に入るとしよう。

前田さんの名前を日本のテレビ史に残したのは、すでにふれたように、一九六三（昭和三十八）年、日米間を初めて結んだ初めての衛星中継の実験で、ケネディ暗殺のニュースを伝えたことからである。このできごとは、その後ＮＨＫの「プロジェクトＸ」をはじめ、多くのテレビ番組でも紹介された。

このとき前田さんは、毎日放送ニューヨーク支局の駐在員だった（ひとりだけの支局だったが、何故か、支局長でも支局員でもなく、駐在員と呼ばれていた）。彼のリポートを見た多くの日本人は、まずケネディ暗殺という大ニュースに接してびっくりし、日米間が衛星で結ばれて、アメリカから映像と音声がリアルタイムで送られてきていることにもびっくりした。それはテレビが新しい時代を迎えたことを示していた。

それにしても前田さんは何故、そのような歴史的な場をひとりじめにできたのか。彼の口から直接聞いた話や、彼にインタビューして書かれた雑誌や新聞記事を参考に、可能な限り正確な事実の再現を試みたい。以下しばらくは、前田さんを前田と呼んで話を進める。

手元に『毎日放送社報』の一九六三（昭和三十八）年十二月一日号がある。これによれば十一月十六日、ＡＢＣインターナショナル（以下、ＡＢＣ―Ｉ）のコイル社長から、毎日放送の高橋社長宛てに一通のテレックスが入電したとある。ＡＢＣ―Ｉとはアメリカの三大ネットワークのひとつ、ＡＢＣの国際部門で、世界の放送局との窓口だった。このころ毎日放送はこことと業務協定を結び、資本関係も構築していた。

「十一月二十二日から二十三日に行われる予定の同時中継実験の際、茨城県十王町の地上局から、同実験の模様をテレビ中継できるかどうか、緊急に調査の上、ご返事をいただきたい。極秘ではありますが、日本向けの生放送ができる可能性があります。時間は日本時間で午前五時ごろです。」

このテレックスがすべてのできごとの始まりだった。これを受けとった高橋社長は、翌々日の十八日、こう返信した。

「日米同時中継についての情報、感謝します。ＮＥＴ（現テレビ朝日）と協力して、ＫＤＤ（現ＫＤＤＩ）に対し技術的な可能性を打診中。（略）おりかえし番組内容、および長さを教えていただきたい。」

ここに「NETと協力して」とあるのは、当時、毎日放送の東京でのネット局が、NET（日本教育テレビ）、いまのテレビ朝日だったからである。毎日放送はこの報せを受け、おそらくNETと相談の上でだろう。二十三日の放送開始時間を日ごろより大幅に繰り上げ、午前五時十分からとした。

この当時、日米両国は、テレビ映像を衛星を使って送る実験に、政府レベルでとりくんでいた。アメリカ側の担当は航空宇宙局（NASA）であり、日本側は郵政省（現総務省）、KDD（現KDDI）、電電公社（現NTT）、NHKの四者が担当し、緊密に連絡をとりあって作業を進めていた。

放送衛星というアイデアを、世界で初めて考えつき発表したのは、SF作家のアーサー・C・クラークである。映画「2001年宇宙の旅」の原作者としても知られる彼は、第二次世界大戦中はイギリス軍のレーダー開発者として働いていた。その体験をふまえて考えだしたのが、静止衛星を打ち上げてテレビ中継に利用するアイデアであり、それを『ワイヤレス・ワールド』という専門誌に発表した。一九四五（昭和二十）年のことである。しかしこのアイデアは、専門家からは無視された。まだ人工衛星が登場していない時代だったのだから無理もない。

ただの夢物語と受けとられた。

だが一九五七（昭和三十二）年、ソビエト（現ロシア）がアメリカに先駆けてスプートニク一号を打ち上げると、事態は一変する。とくに一九六一（昭和三十六）年、ケネディが大統領に就任してからは、アメリカも積極的に宇宙開発競争に乗りだした。ケネディが自らの手で衛星通信会社設立法案をまとめて議会に提出したり、日米間を結ぶ初めての実験にメッセージを寄せたのも、そうした動きの一環だった。

一方、日本側にとっても、この実験の持つ意味は大きかった。翌年には東京オリンピックを控えていた。実験がうまくいけば、オリンピック競技の映像を全世界に送りだせる。何としてでも成功させたいと望んでいた。

こうして迎えた実験当日、アメリカ時間の十一月二十二日、前田はニューヨーク駐在の日本人特派員たちと一緒に、チャーターしたバスの車中にいた。翌年の四月、ニューヨーク郊外で世界博覧会が開かれる。その会場の工事の進捗状況を見るためだった。

前田はむろん、この日、衛星中継の実験が行われることを承知していた。だがケネディのメッセージをはじめ、電波に乗る番組の収録はすでにすべて終わっている。だから「こちらですることは何もない。取材するのは、受信する日本側に任せればいい」と考えていた。おそらくほかの記者も、同じ考えだったにちがいない。

ニューヨーク在住の新聞、放送の日本人特派員たちが、一緒になって行動することは珍しい。それだけに集合場所のタイムズスクエアで顔を合わせたときから、記者たちはピクニック気分で浮き立っていた。ところが乗りこんだバスが、イーストリバーのトンネルを抜け、ハイウェイの料金所に通りかかると、係員が「ケネディ、デッド！」と叫んでいるのが聞こえてきた。慌ててラジオをつけると、アナウンサーが興奮してケネディ暗殺のニュースを伝えている。

とんでもない事態の勃発だ。世界博どころの騒ぎではない。車内は殺気立ち、ハチの巣をついたような騒ぎになった。誰も彼も一刻も早く支局に戻って、本社との連絡にあたりたい。だが高速道路上では、反対方向には走れない。バスはいったん世界博の会場まで向かい、その後、記者全員を乗せたまま、猛スピードでニューヨーク市内に引き返した。

当時、毎日放送のニューヨーク支局は、マンハッタンにあった。しかし支局に戻っても仕事にならない。そう判断した前田はタクシーを拾い、ＡＢＣのニュース部門と同居しているＡＢＣ―Ｉの事務所に向かった。事務所に着くと、すでに戦場のような騒ぎになっていた。

ケネディがダラスで銃弾に倒れたのは正午すぎ。前田がＡＢＣ―Ｉに着いたのは、午後三時半。日米を結ぶ衛星中継の一回目の実験が終わった直後で、ニュース部門にはすでにダラスからかなりの映像素材が集まっていた。前田はやがて本社が注文してくるであろうニュースの素材選びにとりかかった。その最中、ＡＢＣ—Ｉの広報担当、ハーヴィ・ジェイコブが近づいて来て、こういった。

「今日はご存知のように、衛星を使って日米間を結ぶ日です。一回目の実験はすでに終わりましたが、午後七時ごろから二回目の実験があります。ついてはケネディ暗殺のニュースを、あなたのレポートで衛星で送りませんか。あなたはいまここにいるたったひとりの日本人です。あなたがウンといえば実現できます」

このような大事を、広報担当がひとりで考えて伝えるはずはない。おそらくコイル社長の意を受けて、話を持ちこんできたのだろう。

「そんなことが、本当に可能なのか」

前田は一瞬、耳を疑った。

実験はすでに記したように、国家レベルで行うものだ。そこに民間放送の一記者が入りこむことができるのか。だがもし可能なら、準備の時間はほとんどないが、自分も放送人の一員だ。この大ニュースを、少しでも早く、少しでも詳しく、日本に届けたい。

前田がそう答えると、すぐに姿を見せたコイルが前田の前で受話器をとり上げ、ＮＢＣに連絡した。衛星中継の当番は、三大ネットワークが交替で担当していて、この日の担当はNBCだった。

NBCも日本人キャスターを探していたが、うまく見つけだせずにいた。その最中のABCからの提案である。話はすぐにまとまり、映像はNBCが用意し、リポートはコイル社長のデスクの電話で、前田が行うことに決定した。

「放送時間は何分ですか」

「十五分くらいですね」

このときのリレー一号衛星は、いま使われている静止衛星とはちがい、秒速八キロで楕円の軌道を描いて飛んでいた。だから日米間を結べるのは、日米両国から衛星を可視できる時間、十五分から二十分と限られていた。この衛星は三時間あまりで地球を一周し、また同じところに戻ってくる。つまり三時間あまり待てば再び可視できることになり、次の実験に入れることになる。

映像はカリフォルニア州バーバンクのNBCスタジオから送りだし、それを受けたカリフォルニア州モハーヴェの地上局から、太平洋上の衛星に打ち上げることになっている。その点では一回目も二回目も同じだが、変わるのは二回目の音声を前田が担当することだ。NBCがどんな映像を送りだすのかわからないのは不安だったが、それをいっても仕方がない。前田はそれまでに集まっていたニュースを整理し、導入部のコメントを大急ぎで用意した。後はぶっつけ本番でいくしかない。

ニューヨーク時間の十一月二十二日午後六時五十八分（日本時間二十三日午前八時五十八分）、前田は重く沈んだ声で語り始めた。

「私は毎日放送ニューヨーク駐在員の前田治郎であります。輝かしい日米テレビ中継の第二回目のテストであります。その電波で、このような悲しいニュースをお伝えしなければならないのはまことに残念におもいます」

前田は自分がいまニューヨークのＡＢＣから日本にニュースを送っていることや、ケネディ大統領が銃弾に倒れたこと、オズワルドという男が逮捕されたこと、ジョンソン副大統領がワシントンに向かう機中で大統領就任の宣誓を行ったこと、ケネディ大統領の遺体はホワイトハウスに安置されていること、この事態を受けてのアメリカ市民のおどろきと悲しみ、慌ただしいニューヨークの街の表情などを、用意した自分のメモと、ＡＢＣのスタッフが次々に渡してくれるメモを頼りに伝えつづけた。

僅か三年ほどにしろ、アナウンサーをした経験は、前田の気力を支えていた。彼がリポートをつづける間、コイル社長は東京のＡＢＣオフィスを電話でつなぎっぱなしにし、映像と音声が無事、日本に届いていることを確認しつづけた。

七時十五分、この放送は、「では日本の皆様、リレー衛星による生中継はこれで終わります」と告げる前田の声で終了した。コイル社長は、疲れ切ってしばらく椅子から立ち上がれずにいる彼の手を握りしめ、

「ご苦労さん。よかったよ。大統領が亡くなったのは、まことに悲しくて残念だが、今日の実験はテレビ史上に新しい道を開くことになる。国際ニュースのあり方は、これをきっかけに変わるはずだ」

そういって戸棚からウイスキーをとりだし、ふたりで乾杯した。

一方、これを受けた日本側の状況はどうだったのか。日本放送協会がまとめた『放送五十年史』はそのあたりをかなり詳しく記している。これと当時の新聞記事などを参考に、コトの経過をたどってみる。

まず実験の実施日が最終的に決定したのは、実験の四日前、一九六三（昭和三十八）年十一月十九日だった。コイル社長から毎日放送にテレックスが入った日から三日後だ。何故こうも

正式決定が遅れたのかはわからない。

この決定は、当時、大ニュースとして扱われた。翌日の十一月二十日、新聞各紙の朝刊は、一面トップで「二十三日に全国放送」「太平洋を越えてテレビ中継」「日―米『リレー衛星』で初実験」と大々的に報道した。

アメリカから来る電波を日本側で受信するのは、茨城県十王町のKDD宇宙通信実験所である。ここには衛星からの電波を受ける目的で直径二十メートルの巨大なアンテナが設置されていた。だがこのころはまだ、十王町から東京までのマイクロ波回線は完成していなかった。そのためNHKは、十王町に中継車をおき、NHK高萩UHFテレビ放送所、日立市日立研究所、筑波山電電公社中継所と何段もの中継を経て、東京麻布の電電公社統制無線中継所に、衛星から受けた電波を送り届ける体制を作り上げた。そして受信した映像と音声は、東京タワー分岐で、民放にも分配することを決めていた。

だが体制は整っても、衛星で送ってくる肝心のプログラムの内容がわからない。NASAがようやく連絡してきたのは、実験の前日だった。それによれば、まずカリフォルニア州のモハーヴェ地上局の全景を写した後、ケネディ大統領やNASA長官のメッセージを送るとあった。ケネディのメッセージまで送られてくるとは大ごとだ。アメリカ側の本気度の察しもつく。

ただＡＢＣ―Ｉのコイル社長から毎日放送へ届いたテレックスにあった一回目の実験での「ナマ放送の可能性」は、この時点ですでに消えていた。

ＮＨＫでこの番組の担当を命じられたのは、報道局社会番組部副部長の木村靖である。彼は考え抜いたあげく、特別番組用の台本を二冊作った。実験の成否は、天から降ってくる電波をうまくキャッチできるかどうかにかかっている。テストは何度も重ねているが、本番でもアンテナを衛星に向けつづけ、見失わないようにすることができるかどうか。うまくいかない場合には、急遽、東京のスタジオに切り替え、専門家の話を聞くことにして、用意したのが二冊目の台本だった。

東京のスタジオのセットの立てこみも追いこみだった。

実験の二日前の十一月二十一日、日本では衆議院選挙が行われた。衆議院選挙の開票速報はいまは一晩で終了する。だが当時は、すべての議席が確定するのは翌二十二日の午後三時ごろ。その後も選挙特番がつづいたため、衛星番組のスタジオセットの作業にかかれたのは夜になった。

その作業も終わり、間もなく始まる日米初の実験への期待で、スタジオに緊張と不安感がみなぎり始めていたころ、外信部にあるＡＰ通信のテレタイプが、チン、チン、チンと鳴り始めた。

「AP通信七六号至急報、ダラス・テキサス州十一月二十二日金曜日、ケネディ大統領は、自動車パレードでダラス中心街を出発した直後、撃たれ死亡した」

「ケネディ夫人は、飛び上がって大統領をだきかかえ、〝オー、ノー〟と叫んだ」

この一報で報道局もスタジオも飛び上がった。このような大事件が起こっても、衛星中継の実験は予定通り行われるのか。誰もが疑問をいだいたが、NASAからの連絡はなかなか来ない。

「予定通り実験は行う。ただしケネディ大統領のメッセージはカットする」

そう伝えてきたのは日本時間の午前五時十四分。その十三分後の五時二十七分四十二秒、「ツーン」という音とともに、モニター画面に濃淡の模様が映しだされ、モハーヴェ砂漠の砂とサボテンが映しだされた。追尾用のパラボラアンテナが、アメリカからの電波を見事に捉えた瞬間だった。画質は国内の放送と変わらないほど鮮明である。

このとき十王町の実験所においた中継車で、番組の指揮をとっていたNHKの木村は、二冊目の台本が不要になったのを知った。

「ここアメリカ合衆国では十一月二十二日、日本では十一月二十三日、わわわれ両国は初めて、視的に(visibly)同時に結びつけられたのであります」

アメリカ側のアナウンスがそう告げた後、ウェッブNASA長官と武内駐米大使のメッセージが送られてきて、一回目の実験は五時四十八分、終了した。

次いで三時間後、二回目の特別番組が始まった。だがNHKの木村は、リレー一号衛星に乗って伝わってきた声にびっくりした。

「私は毎日放送ニューヨーク駐在員の前田治郎であります」

「えっ、毎日放送？　うちの特派員の声でないのはどうしてだ？　いったい何が起きたのか」

信じられない事態が幕を開け、木村は合点がいかない気持ちをもてあました。

それは当然そうだろう。日本側の準備はすべてNHKが行ってきた。衛星からの電波を受信するのも、その電波を東京タワーまで送るのも、大変な労力をかけ、すべてNHKが仕切ってきた。にもかかわらず肝心のところを、民放の記者にさらわれたのだ。意外だった。

だが木村のそのおもいは、放送が終わって中継車の外にでると、次第に消えていくのを感じたという。

「青空が綺麗でした。その下の白いドームが青空にくっきり浮かび上がって、新しい時代の到来を予感させてくれました。ああ何かが変わっていくんだなあとおもいました」

木村は後にそう述べている。

放送終了後、NHKには電話が殺到したが、その大部分は「本当にアメリカからの映像なのか」という問い合わせであり、次に多かったのは、「もっと見たい」との要望だった。

前田の声が衛星に乗っておどろいたのは、毎日放送の社内でも同じだった。社内には誰ひとり、事前にそのことを承知している者はいなかった。

衛星による初中継を新聞は、その日の夕刊の社会面トップで、「悲報とびこんだ初中継」「遺影を鮮明にうつして」「刻々、悲痛な街を」「毎日放送・前田特派員の声」と前田の顔写真入りで報じ、毎日放送北尾報道局次長の談話も載せた。ここで北尾は、「初の日米中継で前田君が、ケネディ大統領の死を報じてくるとは予想もしていなかっただけに驚いている」と語っている。北尾も事前には何も知らされていなかったのだ。

支局に戻ると前田は、報道局と編成局にテレックスを打った。

「ABCからいま戻った。リレー衛星利用の準備に時間なく、あまり内容のあることを喋れなかったが許されたし。国際電話でニュースを送る件、いかがするか。必要ならニューヨーク時間十一時半、日本時間一時半ごろがよい。そちらから申しこまれたし」

このころになって初めて前田は、興奮で身体が震えるのを感じたという。

前田は後に、やや照れながら私に語った。

「あの日はやっぱり緊張したし、恥ずかしいほど上がってしまった。でもできるだけ淡々と喋ろうと、それだけを心がけた。用意したメモを読んでいる間はよかったが、やがてABCのスタッフが最新のニュースをメモにして渡してくれるようになると、乱暴な走り書きで読めないのがあって、困ったね。もうひとつ困ったのは自分の喋りと映像が合わなくなったことだ。それに気づいてからは、できるだけモニターの絵に合わせて喋ることにした」

だが私は前田さんのこの苦心の放送をリアルタイムでは見ていなかった。眠りこんでいたのである。

そのころ東京支社の報道部員だった私は、十一月二十一日の衆議院選挙で、夜十時ごろから翌日の午後三時ごろまで二十時間近く、開票速報関連の原稿を書きつづけた。さらにその後は衆議院選挙のまとめの特番を作り、ようやく帰宅できたのは二十二日の深夜だった。草臥れきっていた私は、電話で起こされてはたまらないと、受話器をはずして布団にもぐりこみ、ぐっすり眠った。やがて受話器がはずれていることを知らせる大きな音が鳴るのを、夢うつつに聞いた覚えはあるが、それでもなお眠りつづけた。

多分昼前、十一時ごろだったろう。玄関のチャイムが鳴った。扉を開けると、社の同僚の奥

さんが立っていた。彼女は私の顔を見るなり、息せき切って、

「ケネディが暗殺されました」

と急を知らせた。しかし私は、

「ああ、そうですか」

とそっけなく答え、そのまま扉をすぐにガチャンと閉めてしまった。

そのころ私はアパートの四階に住んでいた。扉を閉めた後、窓際に座ってぼんやり外を眺めていると、下の路上をいま訪ねてきたばかりの彼女が、肩を落としてトボトボと歩いている姿が見えた。

「あれっ、そうだ。何かいっていたな。ケネディが殺されたって？　そんな馬鹿な」

私はすぐに玄関に戻り、郵便受けの新聞をとりだした。いまだったら、テレビのスイッチを入れるところだろう。見ると「ケネディ大統領暗殺さる」「遊説中、暴漢が銃弾三発」「国際政局に重要影響」の大見出しが踊っている。

「えっ、こりゃ大変だ」

私はようやく目を覚まし、タクシーを拾って社に向かった。出社してわかったのは、ケネディ暗殺の報が伝わって大騒ぎになった社内から、何人もが私の家に電話をくれていたことだ。

だが何度かけても話し中だ。やがて電話局に問い合わせ、受話器がはずれているとわかり処置を頼んだが、受話器が戻る気配はない。ついにたまりかね、社員の奥さんを、わが家に派遣したというわけだった。

電話をくれたのは、社内だけではない。東京大学の寺沢一教授も、何度もわが家に電話をしたという。

「ケネディが殺されたのだから、きっと君から電話があるだろうとおもっていたのに、かかってこない。これはひょっとして知らないのではと心配で電話をしたが、何度かけてもお話し中でつながらなかった。まさか受話器をはずして寝ているとはおもわなかった」

寺沢先生は、そういって苦笑いをした。

ケネディの葬儀の日には、私はラジオの一時間の特番を制作した。ここでは寺沢先生と石垣綾子さんの対談を軸にしつつも、たくさんの録音を挿入することにした。前田のリポート、葬儀の中継、ケネディの生前の声、今後の世界情勢を展望する大宅壮一や大森実の話など二十カットほどをはさみこむ。そうなると、それをだすタイミングが難しい。私はおふたりの対談の部分は別にして、寺沢先生の語りはすべて原稿にし、それを一言一句たがえずに読んでいただくことにした。

「え、これ、全部、読むの？」

「ええ、申し訳ありませんが、そうしていただかないと、音をだすきっかけを作れないので……」

先生は私の書いた数十ページにおよぶ長い原稿に目を落とし、しばらく読みつづけたところで顔を上げ、

「うーん、ケネディには確かに理想主義者の一面もあったけれど、プラグマティストで、クールキャットと譬えられた一面もあったんだよね。そのことにもふれないと……」

と苦情をいった。

「ええ、そのことにも、もう少し後でふれています。最後まで読んでください」

若さとは恐ろしい。いまであれば、国際法、国際政治を専門にする東大の先生に、今後の世界情勢にまでふれた自分の書いた原稿を、そっくりそのまま読んでもらうような無茶なことは考えられない。だが三十歳になったばかりの私は、そんな失礼なことを平気でやってのけた。そして寺沢先生はそれに応えてくださった。おもえばそこまでして、番組の形を整えることだけを考えていた自分の小器用さが恥ずかしい。前田さんの逝去はそんなことまでおもいださせてくれた。

前田さんのお通夜に行った数日後、私は先に名前をだした同期入社の宇多さんに電話をした。彼はいまは山口県に住んでいて、事情があってお通夜にも葬儀にもでられなかった。だから前田さんの訃報を知って、

「申し訳ないが、大阪まで行けないので」

と真っ先に連絡してきた。だからお通夜の様子を知らせた方がよかろうとおもって電話をかけ、式場の模様や喪主を務めた前田夫人のご様子など、いろいろ話すうちに、前田さんをめぐる思い出話になってしまった。

宇多さんは前田さんがニューヨーク駐在員になって半年後、VOAに出向してワシントンに赴任した。つまり一九六〇年代の半ば、ふたりはともにアメリカにいた。それだけに若いころの思い出がいっぱいだ。やがて彼は「前田さんは生真面目な勉強家だったけれど、同時にかなりの慌て者でもあったよね」といいだし、こんなエピソードを披露した。

「僕がワシントンからニューヨークへ出張して、前田さんのところに泊まったときにね、朝食をとりながら彼が、〝今日はどんな仕事があるんだ〟って聞くんだよ。〝これこれのひとに会うことになっている〟って説明すると、〝アメリカ人との約束には絶対に遅れちゃダメだぞ、約束の時間を厳守しなきゃ、信用をなくすからな〟って説教するんだ。前田さんは僕より半年

前にアメリカへ来ているものだから、先輩ぶってそういうんだね。

そしてそんなお説教をしながら、ミルクを飲み終わったコップを、テーブルから台所の流しにボーンと放るんだ。そしてその瞬間に、〝あっ、しまった〃と叫ぶんだよ。前田さんはコップを放った瞬間、流しに水をはっていなかったことをおもいだすんだね。だけどこっちには、何が〝しまった〃か、わからない。その直後に、投げたコップが流しに到着してガチャンと割れて、〝しまった〃の理由がわかる。いやあ、前田さんと一緒にいると、面白いことがいっぱいあったよ」

宇多さんも元アナウンサーだ。話を面白くする能力にたけている。まことに不謹慎なことながら、真面目、六、不真面目、四の話を交わしつつ、あの愛すべき前田さんに、もう二度とは会えないおもいをふたりでかみしめた。


なおこの一文では「衛星中継」で通して書いたが、前田さんがケネディの死を伝えたころは、「宇宙中継」と呼ばれていた。「衛星中継」と呼ぶように改められたのは、一九六九（昭和四十四）年のアポロの月面中継のときからである。

あとがき

大阪に『千里眼』という季刊の同人誌がある。今年(二〇一七)九月末で百三十九号を迎えたから、創刊以来すでに三十五年たつことになる。

同人数は六十名弱。規定によれば「広域千里(北摂七市三町)に住所、仕事場、その他の関係をもつ知識人(を有資格者とする)」と書かれているが、その実、「誰でも大歓迎」の開かれた同人誌だ。

この『千里眼』の創設者は、国立民俗学博物館の初代館長だった梅棹忠夫氏である。先生は生前、「これは文章のカラオケ」と説明されていた。つまり「他人の書いた文章は読まんでよろしい。ただひたすら、書くことを楽しみなさい」をモットーとする同人誌だといわれていた。だから規定にも「原稿は取捨選択せず、投稿されたものを、そのままのせる」と記されている。

私はこの気楽さに誘われ、一九九五(平成七)年三月発行の第四十九号から同人に参加し、以来、一回も休むことなく書きつづけてきた。書きたいことがたくさんあったからではない。

別の理由からだ。

『千里眼』は毎年一回、同人の同窓会を開くことを決めている。この席で、過去一年欠かさずに投稿した同人には、皆勤賞が贈られる。私はこれ欲しさで、二十数年せっせせっせと書きつづけてきた。そしてたまった原稿を集め、『忘れえぬ人々』『父の酒』『私だけの放送史』とこれまでに三冊の本をだした。

その都度、私は、

「千里眼に書いたものを本にします」

と報告し、先生から、

「ほう、本ですか。それはいいですね」

といっていただいた。一冊目の本では推薦の弁まで書いていただき、帯に載せた。

考えてみれば、もっとお若いころの先生なら、

「君、やめておけ。紙の無駄遣いだ」

とにべもなかったかもしれないが、晩年の先生は優しくて、本をだすことを、むしろ奨励してくださった。

本作りは高田宏の縁で、これまでの三冊は、清流出版にお願いした。

だが同社の編集者の臼井雅観さんが退社されたため、今回は遠慮して大阪公立大学共同出版会（OMUP）に依頼した。ところがごく最近、パソコンをさわっていて、清流出版の社長で編集長の加登屋陽一氏が、高田宏が亡くなったのを期に、私たち二人の本をとり上げた長い文章を、ネットに載せてくださっているのに遭遇した。拝読して今回もまずはそちらにお願いするのがスジだったかとおもったが、もう遅い。すでに作業に入っている。お許し願うことにした。

さて、私の書くものはほとんどすべて、毎日放送という大阪の民間放送の仕事のなかで見聞きしたことを綴っていて、狭い世界での自分史でしかない。

にもかかわらずまとめることにしたのは、かつて仕事のなかでお目にかかったさまざまなひとのことを、書きとめておきたかったからである。私はそのひとたちとの交わりを通して、メディアとは何かを実地に考えることになり、そこに生きがいを見いだしてきた。気恥ずかしさをおさえてあえて書けば、ジャーナリズムの基本も身につけた。その青春を記録しておきたかったのだ。

ところで、このところ、放送、とくにテレビに対する世間の風当たりには、きわめてきびしいものがある。私の周囲には、かつてテレビ局に勤めていた友人がたくさんいるが、会うと決まって飛びだすのは、「最近のテレビのつまらなさ」であり、「テレビ番組への腹立たしさ」である。むろん、優れた番組もある。でもつまらないものが多過ぎる。

では翻って私たちが現場にいたころはどうだったか。胸をはるだけの自信はないが、それでもいまのひとたちよりは、仕事をずっと楽しんでいた実感がある。そしてこの楽しむことこそが、いい仕事をするための第一歩だと私は信じている。だって考えてもみてほしい。自らが楽しまず、熱狂せずに、他人さまに喜んでもらうことなど、できるはずがない。これはそのことをいいたいが故の本でもある。そこに「母の初恋」と「学生のころ」など、やや異質のものをまぎれこませてまとめた一冊だ。

それにしても残念なのは、もはやこの本を梅棹先生にお見せすることができないことだ。そのことが何とも寂しく、もの足りない。ワインをたっぷり飲まれたあげくの先生の、

「君のあの本……」

の一言がうかがえないのが残念だ。

最後にお詫びをひとつ記したい。この本では、かつて私が別の本ですでに紹介したエピソードを、いくつも重ねて紹介している。私の迂闊さが、そんな事態を招いてしまった。老いて記

憶力が減退したためでもある。おかげでお読みいただくひとのなかには、「あれ、この話はもう読んだぞ」とお感じになる方がでるかもしれない。この重複した部分は、本来ならすべて削るべきところだが、発見したのが本作りのほとんど最後の工程だったため、できなかった。お許しをいただきたい。

なおこの本をまとめるにあたっては、大阪公立大学共同出版会（ＯＭＵＰ）の児玉倫子さんと川上直子さんの絶大なご協力をえた。おふたりが「こんな本をだして何の意味があるだろう」と逡巡していた私の背中を押してくださらなかったら、陽の目を見ることはなかったろう。心からのお礼を申し上げたい。

また装丁は畏友、田主誠さんにお願いした。これまた心からの感謝の気持ちを伝えたい。ありがとうございました。

初出誌一覧

高峰秀子の流し目

永六輔と「若い広場」
お目にかかる約束・永井路子
南極のタロ・ジロと菊池徹

高田宏と酒
母の初恋
学生のころ

大学の先生稼業
ある先輩の日記
放送の神様　和田精
日米衛星中継で伝えたケネディ暗殺

『千里眼』七十四号（二〇〇一年六月発行）
『千里眼』百三十号（二〇一五年六月発行）
『千里眼』百三十七号（二〇一七年三月発行）
『千里眼』七十八号（二〇〇二年六月発行）
『千里眼』九十七号（二〇〇七年三月発行）
『千里眼』百十二号（二〇一〇年十二月発行）
『千里眼』百三十三号（二〇一六年三月発行）
『千里眼』百二十四号（二〇十三年十二月発行）
『千里眼』七十三号（二〇〇一年三月発行）
『千里眼』百二十号（二〇一二年十二月発行）
『千里眼』七十号（二〇〇〇年六月発行）
『千里眼』百二十一号（二〇一二年三月発行）
『千里眼』百三十九号（二〇一七年九月発行）
『千里眼』百二十六号（二〇一四年六月発行）

辻《つじ》　一郎《いちろう》 略歴

1933年1月、奈良県生まれ。1955年、京都大学法学部卒業。同年、新日本放送（現毎日放送）に入社。主として報道畑を歩き、取材活動にあたる一方、番組制作にも携わる。テレビ番組「若い広場」「70年への対話」で民間放送連盟賞、「対話1972」「20世紀の映像」でギャラクシー大賞などを受賞。毎日放送取締役報道局長などを経て退職後、大手前大学教授、同志社大学大学院非常勤講師、日本マス・コミュニケーション学会理事、「地方の時代」映像祭審査委員長などを歴任。現在、関西民放クラブ理事、毎日放送客員。著書に『忘れえぬ人々』『父の酒』『私だけの放送史』(清流出版)、共著に『テレビ放送を考える』(ミネルヴァ書房)、『行基と渡来人文化』（たる出版)、『阪神文化論』（思文閣出版)、『映像が語る「地方の時代」30年』（岩波書店)、『民間放送のかがやいていたころ　ゼロからの歴史51人の証言』（大阪公立大学共同出版会）などがある。

メディアの青春

懐かしい人々

2018年3月1日　初版第1刷発行

著　者　辻　一郎

発行者　足立泰二

発行所　大阪公立大学共同出版会（OMUP）
〒599-8531 大阪府堺市中区学園町1-1
大阪府立大学内
TEL　072(251)6533
FAX　072(254)9539

印刷所　株式会社ムレコミュニケーションズ

ISBN978-4-907209-77-3